Andreas Lutz · Monika Schuch

Existenzgründung

Andreas Lutz · Monika Schuch

Existenz-
gründung

Was Sie wirklich wissen
müssen. Die 50 wichtigsten
Fragen und Antworten

Bibliografische Information der Deutschen Nationalbibliothek
Die Deutsche Nationalbibliothek verzeichnet diese Publikation in der Deutschen
Nationalbibliografie; detaillierte bibliografische Daten sind im Internet über
http://dnb.d-nb.de abrufbar.

ISBN 978-3-7093-0351-1

Umschlag: *stern* und buero8
Satz: Hannes Strobl, Satz·Grafik·Design, 2620 Neunkirchen
© LINDE VERLAG WIEN Ges.m.b.H., Wien 2011
1210 Wien, Scheydgasse 24, Tel.: +43/1/24 630
www.lindeverlag.de
www.lindeverlag.at

Redaktion: Cornelia Rüping

Druck: Hans Jentzsch & Co. GmbH, 1210 Wien, Scheydgasse 31

1

Inhalt

Vorwort

Was braucht man als Gründer? Eine gute Idee und einen soliden Business-plan. So weit, so klar. Doch je konkreter man sich damit befasst, sein eigenes Unternehmen aufzuziehen, desto mehr Fragen tauchen auf: Welche Rechtsform ist die richtige? Habe ich Anspruch auf staatliche Förderung? Home-Office oder Bürogemeinschaft? Wo kriege ich eigentlich Kunden her? Wie mache ich meine Ablage so, dass ich die Unterlagen in ein paar Monaten noch wiederfinde? Wie werde ich bekannt? Woher kriege ich passende Mitarbeiter? Und wie beschäftige ich sie?

Gründer müssen sich mit solchen und noch viel mehr Fragen auseinandersetzen und vor allem: passende Antworten finden. Der *stern*-Ratgeber „Existenzgründung" hilft dabei. Sein Untertitel ist Programm: „Was Sie wirklich wissen müssen. Die 50 wichtigsten Fragen und Antworten". Der Ratgeber verlässt dabei bewusst das engere Feld von Geschäftsidee, Businessplan und Gründungsfinanzierung, ohne dieses auszuklammern. Doch bei einer Firmengründung geht es um weit mehr. Die beste Geschäftsidee und ein ordentlicher Geschäftsplan können scheitern, wenn man am Anfang zu hohe Fixkosten aufbaut – nur eines der Themen in diesem Buch, die im Frage-und-Antwort-Stil behandelt werden.

Deshalb: Vor der Existenzgründung steht der *stern*-Ratgeber „Existenzgründung". Wenn er Ihnen dabei hilft, nur ein paar Fehler zu vermeiden oder an der einen oder anderen Stelle rascher ans Ziel zu kommen, dann hat er sich schon gelohnt.

Ich wünsche Ihnen viel Erfolg mit Ihrer Geschäftsidee!

Frank Thomsen

Chefredakteur *stern*.de

KAPITEL 1

Was ist vor der Gründung zu bedenken und zu erledigen?

Vor der Gründung steht die Geschäftsidee. Hier erfahren Sie, welche Entscheidungen Sie treffen müssen, wenn Sie Ihr Geschäftsmodell ausarbeiten und den Businessplan schreiben, was für Sie als Unternehmer Voraussetzung ist und wie Sie die Tragfähigkeit Ihrer Idee prüfen.

1. Wie finde ich eine tragfähige Geschäftsidee?

Sie wollen sich selbständig machen und suchen eine Geschäftsidee, die zu Ihnen passt und tragfähig ist? Tragfähig bedeutet, dass Sie nach einer Anlaufphase von dem Geschäft leben können: Der Gewinn, also die Einnahmen abzüglich der Ausgaben, muss ausreichen, um Ihre Lebenshaltungskosten zu decken. Die Anlaufphase darf nicht zu lang sein, denn in dieser Zeit fallen meist Verluste an; zumindest werden Sie mit dem Gewinn noch nicht Ihre Lebenshaltungskosten bestreiten können. Manche Geschäftsideen scheitern wegen einer zu langen Anlaufzeit, weil die Verluste zu groß sind.

Vom Geschäft leben können

Originalität ist nicht alles

In den Medien werden oftmals Geschäftsideen präsentiert, die besonders ausgefallen sind – sei es die Organisation von Unterwasser-Trauungen, die Fertigung von Grabsteinen für Tiere oder Gemälde-Leasing. Dies bestärkt Existenzgründer darin, dass sie meinen, sie müssten etwas ganz besonders Originelles anbieten. Es scheint so, als sei nur eine möglichst kuriose Geschäftsidee erfolgreich und tragfähig. Doch das ist so nicht richtig: Ausgefallene Geschäftsideen sind häufig eher schädlich, denn was originell ist, zieht nicht automatisch einen großen Käuferkreis an. Vielmehr sind es die tendenziell „langweiligen" Geschäftsideen, die gutes Geld einbringen. Denken Sie nur an einen Rechtsanwalt, der sich mit seiner Spezialisierung auf Scheidungsrecht in der Region einen guten Namen gemacht hat. Oder an einen Steuerberater, der schwerpunktmäßig vermögende Familien in sämtlichen Angelegenheiten – Steuererklärung, Schenkungen, Firmengründung, Immobilienanlagen, Erbschaftsfragen – berät.

Kuriose Ideen

Wenn Sie eine Geschäftsidee finden wollen, die tatsächlich Geld einbringt, sollten Sie sich Folgendes überlegen:

- Besteht nicht nur Interesse an meiner Geschäftsidee, sondern auch Zahlungsbereitschaft?

- Was kann ich zu welchem Preis in welcher Menge an meine Kunden verkaufen? (→ 28. Wie kann ich den Umsatz vorausplanen?)

- Können Sie auf beide Fragen überzeugende Antworten geben? Das ist wichtiger als alle Originalität.

Die Nachfrage entscheidet

Entscheiden Sie sich für ein Geschäft, in das Sie möglichst viel von Ihrem bisher erworbenen Know-how einbringen können. Die Geschäftsidee sollte zu Ihnen und Ihren persönlichen Stärken passen und Ihnen langfristig Spaß ma-

Dauerhaft genug verdienen

11

chen. Am allerwichtigsten ist aber, dass eine echte Nachfrage nach Ihrer Leistung besteht, damit Sie dauerhaft genug Geld verdienen können.

Einen Unternehmer zeichnet aus, dass er dort Chancen sieht, wo andere sich ärgern, etwas vermissen oder über Probleme klagen. Er versteht, was der potenzielle Kunde will und braucht. Um hieraus eine Geschäftsidee zu entwickeln, genügt es oft, vorhandene Informationen und Lösungen neu zu kombinieren. Gute Aussichten haben Sie, wenn die Wünsche der potenziellen Kunden von anderen bisher nicht so deutlich wahrgenommen wurden und Sie diese mit Ihrem Angebot bequemer oder billiger erfüllen können.

Die Geschäftsidee liegt oft ganz nah

Spezialisierung

Sehr viele Gründer bieten als Selbständige das an, was sie bisher als Angestellte gemacht haben. Das hat große Vorteile, weil sie das nötige fachliche Know-how mitbringen. Wenn Sie sich für eine Fortführung Ihrer bisherigen Tätigkeit entscheiden, ist es sinnvoll, sich zu spezialisieren. Wählen Sie einen Aspekt aus, der Ihnen viel Spaß macht und der von der Konkurrenz nicht abgedeckt ist.

Können Sie diese Leistungen als Selbständiger vielleicht preisgünstiger oder in besserer Qualität als Ihr bisheriger Arbeitgeber anbieten? Einen guten Start hätten Sie auch, wenn Ihr bisheriger Arbeitgeber Ihr erster Auftraggeber wird. Oder Sie übernehmen Kunden Ihres Arbeitgebers. Entscheidend ist in jedem Fall, dass Sie schnell und ausreichend viele Kunden akquirieren.

Etwas Neues

Eventuell möchten Sie Ihrer Branche lieber den Rücken kehren, weil diese gerade in einer Krise ist. Oder Sie wollen einer gänzlich anderen Tätigkeit nachgehen, weil Ihnen die bisherige einfach keinen Spaß mehr macht. In diesem Fall steht etwas ganz Neues an. Für Sie bedeutet das, dass Sie zunächst an Ihrer Geschäftsidee feilen oder überhaupt erst eine finden müssen. Unsere Empfehlung: Sobald Sie ein Vorhaben näher ins Auge gefasst haben, beginnen Sie mit dem Businessplan (→ 25. Aus welchen Teilen besteht ein Businessplan?). Dabei werden Sie schnell feststellen, ob sich Ihre Idee überhaupt umsetzen lässt.

Wann Sie am besten starten

Viele Geschäftsideen funktionieren nur dann, wenn sie genau zum richtigen Zeitpunkt realisiert werden: nicht zu spät, aber auch nicht zu früh. Fachleute sprechen von einem strategischen (Zeit-)Fenster, dem „Window of Opportunity": Hier herrschen die idealen Bedingungen, um neu in den Markt einzusteigen.

„Window of Opportunity"

Wichtig bei den Überlegungen, wann ein guter Zeitpunkt für den Markteintritt ist: Nicht immer ist es das Beste, der Erste am Markt zu sein. Wer als sogenannter First Mover mit einer Geschäftsidee in den Markt geht, bezahlt oft viel Lehrgeld, weil er seine Produkte und Leistungen erst einmal ausprobieren muss. Der Nachahmer (Second Mover) hat es dagegen leichter: Er übernimmt einfach das, was sich bereits bewährt hat, und entwickelt es weiter. Der First Mover baut sich mühsam einen neuen Markt auf, der Second Mover profitiert von dessen Erfahrungen. Denken Sie beispielsweise an den Handel mit Kleidern und Schuhen über das Internet, mit dem zunächst viele Gründungen gescheitert sind.

Überlegen Sie: Wie sieht es mit meiner Idee aus? Wann ist der beste Zeitpunkt oder die richtige Saison, um mit

Der richtige Zeitpunkt

13

meiner Geschäftsidee in den Markt einzutreten? Wenn Sie eine Eisdiele eröffnen möchten, werden Sie dafür das Frühjahr oder den Sommer wählen, da dann die Nachfrage am größten ist. Wollen Sie sich im Einzelhandel selbständig machen, werden Sie das im Herbst tun, weil für diese Branche bekanntermaßen das Weihnachtsgeschäft am meisten abwirft.

2. Welche Alternativen zu einer Neugründung gibt es?

Mögliche Ansätze

Wer nicht bei Null starten möchte, schaut sich nach Alternativen zu einer Neugründung um. Möglich sind folgende Ansätze:

- Franchising
- Network-Marketing
- Betriebsübernahme
- Beteiligung

Der Vorteil hierbei: Sie verkürzen die Vorbereitungs- und Anlaufphase und starten mit einem bereits bestehenden Geschäftsmodell.

TIPP: LASSEN SIE SICH BERATEN

Welchen Weg Sie auch wählen, lassen Sie sich immer von einem unabhängigen Fachmann beraten, wenn Sie sich für eine der Alternativen entscheiden. Denn nicht jede Franchise-Idee ist ausreichend erprobt, Network-Marketing ermöglicht oft nur einen Zuverdienst und der Verkäufer eines Betriebs überschätzt regelmäßig dessen Wert.

Erprobte Geschäftsidee: Franchising

Segafredo Zanetti Espresso Bar, Town & Country Haus, Sunpoint Sonnenstudio, Vodafone Shop und Schülerhilfe haben eins gemeinsam: Sie gehören zu den Franchising-Unternehmen. Bei einem Geschäftsmodell dieser Art liefert der Franchise-Geber Name, Marke, Know-how und Marketing. Im Gegenzug räumt er dem Franchise-Nehmer gegen Gebühr das Recht ein, seine Waren und Dienstleistungen zu verkaufen.

Die Vorteile: Sie brauchen sich nicht den Kopf über eine eigene Geschäftsidee zu zerbrechen. Mit einem fertigen und erprobten Konzept ersparen Sie sich viele Probleme und Risiken, die die Gründung eines Betriebs im Alleingang mit sich bringt. Das Unternehmenskonzept hat sich in vielen Fällen bereits bewährt, zudem erhalten Sie Unterstützung in Form von Beratung, Schulungen, Werbung und Ausbildung. **Vorteile**

Die Nachteile: Das festgelegte, meist starre Konzept ist nicht jedermanns Sache, weil es das eigene unternehmerische Handeln stark einschränkt. Außerdem verdient der Franchise-Geber immer kräftig mit, da er Gebühren für die Nutzung seiner Idee kassiert. Manche der angebotenen Franchise-Systeme sind zudem noch neu am Markt, sodass Sie als Franchise-Nehmer unfreiwillig zum Versuchskaninchen werden. **Nachteile**

> **TIPP: ACHTEN SIE AUF KOSTENFALLEN**
>
> Erkundigen Sie sich ganz genau, welche Lizenz- und weitere Gebühren auf Sie zukommen: Einstiegsgebühren, Kosten für Training und Einarbeitung, Marketingkosten etc. Nur dann können Sie die Kosten für Ihre Gründung richtig einschätzen.

Verkauf über Netzwerke: Network-Marketing

"Struktur-
vertrieb"

Mit Network-Marketing (auch als Multi-Level-Marketing oder Strukturvertrieb bekannt) werden besonders häufig Finanzdienstleistungen, Haushaltswaren und Nahrungsergänzungsmittel verkauft. Typisch sind überhöhte Preise, die durch die vermeintlich besonders hohe Qualität der Produkte gerechtfertigt werden. Der "Strukturvertrieb" ist über mehrere Ebenen gegliedert. Der in der Hierarchie höher eingestufte Verkäufer verdient an den Umsätzen der von ihm angeworbenen "Downline" ordentlich mit.

Strukturvertriebe – in den USA äußerst populär – wenden sich meist an Existenzgründer und Menschen, die einen selbständigen Nebenverdienst erzielen wollen. Oft werben die Organisatoren mit kleingedruckten Anzeigen, die utopische Einkünfte versprechen. Prüfen Sie daher ganz gründlich, ob Sie es mit einem seriösen Unternehmen zu tun haben, falls Sie das Network-Marketing in Betracht ziehen. Und Vorsicht bei fertigen Businessplänen, die viele Strukturvertriebe Gründern anbieten: Oftmals stellen sich die Annahmen in den Businessplänen als wenig realistisch heraus. Lassen Sie Ihren Businessplan besser von einer fachkundigen Stelle prüfen, die unabhängig vom Strukturvertrieb arbeitet.

Zurückgreifen auf Etabliertes – Betriebsübernahme und -beteiligung

Knackpunkt
Kaufpreis

Wollen Sie einen bestehenden Betrieb übernehmen oder sich daran beteiligen? Dann wird der Knackpunkt sicher der Kaufpreis sein. Hier gehen die Vorstellungen von Käufer und Verkäufer oft weit auseinander. Wer ein Unternehmen aufgebaut hat, überschätzt leicht dessen Wert, auf kritische Bemerkungen wird er eher emotional reagieren.

Bringen Sie deshalb die Möglichkeit ins Spiel, dass der Alteigentümer das Unternehmen noch einige Zeit begleitet, und machen Sie den Kaufpreis davon abhängig, wie erfolgreich das Unternehmen während dieser Zeit ist.

Eine gute Variante, um in einen Betrieb hineinzufinden, ist die tätige Beteiligung. Sie beteiligen sich mit einem bestimmten Geldbetrag (Einlage) an einem bestehenden Unternehmen und handeln von Anfang an als aktiver, (mit-) verantwortlicher Gesellschafter. Später übernehmen Sie das Unternehmen gegebenenfalls ganz.

3. Muss ich ein Gewerbe anmelden oder bin ich Freiberufler?

Das hängt von der Art und Weise Ihrer Geschäftstätigkeit beziehungsweise Ihrer Qualifikation und Ihrem erlernten Beruf ab. Erfahren Sie hier, was für Sie zutrifft, und welche Schritte Sie zur Anmeldung unternehmen müssen.

Typische Gewerbebetriebe

Wenn Sie Waren und Dienstleistungen verkaufen oder mit ihnen handeln, fallen Sie nicht unter die Freien Berufe (siehe unten). Dann sind Sie dazu verpflichtet, ein Gewerbe anzumelden. Dazu zählen unter anderem folgende Wirtschaftszweige:

Gewerbe-
anmeldung
erforderlich

- Industrielle Fertigung
- Handwerk und handwerksnahe Berufe, ausgenommen sind künstlerische Tätigkeiten
- Groß- und Einzelhandel (im weitesten Sinne der Verkauf von Produkten)

17

- Gastronomie und Hotellerie
- „Einfache" Dienstleistungen (zum Beispiel haushalts-
  nahe Dienstleistungen wie Reinigung oder Reparaturen)
- Vertreter, Vermittler und Agenturen
- Geld- und Vermögensberater

So funktioniert die Gewerbeanmeldung

Erkundigen Sie sich als Erstes bei der Industrie- und Handelskammer (IHK) oder der Handwerkskammer, ob eine
Erlaubnis oder Genehmigung beziehungsweise eine Fachkundeprüfung erforderlich ist. Fragen Sie auch nach, ob
Sie sich in die Handwerksrolle eintragen lassen müssen
($\rightarrow$ 4. Muss ich Genehmigungen einholen?). Wenden Sie
sich gegebenenfalls auch an einen Existenzgründungsberater, denn die Kammern legen die Vorgaben gelegentlich
unnötig streng aus.

Prüfung beim Ge-werbeamt

Mit den erforderlichen Unterlagen und Ihrem Personalaus-
weis gehen Sie zum Gewerbeamt (meist ansässig in der
Stadt- oder Gemeindeverwaltung). Dort wird geprüft, ob
alle Voraussetzungen (unter anderem Zulassung, Erlaubnis) erfüllt sind, um mit dem Gewerbe starten zu können.
Das Gewerbeamt informiert auch alle anderen Behörden,
die für Ihre Gründung eine Rolle spielen, zum Beispiel Finanzamt, Gewerbeaufsichtsamt, Handwerkskammer und
Berufsgenossenschaft.

TIPP: MELDEN SIE IHR GEWERBE UNVERZÜGLICH AN

Die Anmeldung eines Gewerbes muss unverzüglich mit Beginn der gewerblichen Tätigkeit erfolgen. Eine Verspätung kann hier als Ordnungswidrigkeit
geahndet werden.

Freiberufliche Tätigkeit

Freiberufler unterscheiden sich von Gewerbetreibenden durch fünf formale Kriterien:

Fünf formale Kriterien

- Sie müssen kein Gewerbe anmelden.

- Sie bezahlen keine Gewerbesteuer.

- Die Einnahmen-Überschuss-Rechnung (EÜR) als vereinfachte Form der Buchführung genügt.

- Sie müssen in der Regel nicht Mitglied bei der Industrie- und Handelskammer werden.

- Sie können sich mit anderen Freiberuflern zusammenschließen, um eine Partnergesellschaft zu gründen.

Die Frage ist nun, wie Sie herausfinden, ob Sie Freiberufler sind und in den Genuss dieser Sonderrechte kommen. Das Partnerschaftsgesellschaftsgesetz (PartGG) liefert einige brauchbare Anhaltspunkte für die Definition des Freien Berufs: „Die Freien Berufe haben im allgemeinen auf der Grundlage besonderer beruflicher Qualifikation oder schöpferischer Begabung die persönliche, eigenverantwortliche und fachlich unabhängige Erbringung von Dienstleistungen höherer Art im Interesse der Auftraggeber und der Allgemeinheit zum Inhalt." § 18 des Einkommensteuergesetzes (EStG) wird konkreter. Hier steht, welche Berufe als „Freie Berufe" anerkannt sind.

Definition

- Heilberufe: Ärzte, Zahnärzte, Tierärzte, Heilpraktiker, Krankengymnasten, Hebammen, Heilmasseure, Diplompsychologen

- Rechts-, steuer- und wirtschaftsberatende Berufe: Rechtsanwälte, Patentanwälte, Notare, Wirtschaftsprüfer, Steuerberater, Steuerbevollmächtigte, beratende Volks- und Betriebswirte, vereidigte Buchprüfer

- Naturwissenschaftliche/technische Berufe: Vermessungsingenieure, Ingenieure, Handelschemiker, Architekten, Lotsen, hauptberufliche Sachverständige

- Informationsvermittelnde Berufe/Kulturberufe: Journalisten, Bildberichterstatter, Dolmetscher, Übersetzer (und ähnliche Berufe), Wissenschaftler

- Künstler, Schriftsteller, Lehrer und Erzieher

Prüfung für neue Berufe

Bei den klassischen Freien Berufen wie Rechtsanwalt, Architekt und Arzt gibt es also keine Probleme bei der Abgrenzung. Schwierig wird es bei den vielen neuen Berufen, die nach und nach entstanden sind. Hier mussten jeweils die Gerichte prüfen, ob es sich um Tätigkeiten handelt, die den sogenannten Katalogberufen ähnlich sind und damit ebenfalls als Freie Berufe eingestuft werden können.

TIPP: ANMELDUNG EINER FREIBERUFLICHEN TÄTIGKEIT

Für die Aufnahme einer selbständigen freiberuflichen Tätigkeit genügt eine formlose Mitteilung an das Finanzamt (spätestens innerhalb eines Monats). Sie erhalten dann den „Fragebogen zur steuerlichen Erfassung/Aufnahme einer gewerblichen, selbständigen (freiberuflichen), land- oder forstwirtschaftlichen Tätigkeit". Dieses Formular können Sie auch aus dem Internet herunterladen. Sie finden es im Formular-Management-System (FMS) der Bundesfinanzverwaltung unter www.formulare-bfinv.de.

---

4. Muss ich Genehmigungen einholen?

Für viele selbständige Tätigkeiten – ganz gleich, ob Sie diese gewerblich oder freiberuflich ausführen – brauchen Sie Genehmigungen. Lesen Sie hier, ob das für Sie gilt und was Sie gegebenenfalls unternehmen müssen.

Genehmigungspflichtige Gewerbe

Trotz der Gewerbefreiheit reicht in einigen Tätigkeitsfeldern der Gewerbeschein nicht aus. Je nach Gewerbezweig müssen weitere Unterlagen und Nachweise bei der Anmeldung eingereicht werden. Dabei handelt es sich um Erlaubnisnachweise, Dokumente und Genehmigungen, die das jeweilige Gewerbe fordert.

Wenn Sie zum Beispiel eine handwerkliche oder handwerksähnliche Tätigkeit planen, so müssen Sie sich in die Handwerksrolle oder im Verzeichnis der handwerksähnlichen Gewerbe bei der Handelskammer eintragen lassen. Fragen Sie daher vor der Gewerbeanmeldung bei der IHK, der Standes- oder der Handwerkskammer nach, ob Sie eine Gewerbeerlaubnis beziehungsweise -genehmigung, sonstige Nachweise oder irgendwelche Zulassungen benötigen. In einigen Fällen ist eine Fachkundeprüfung erforderlich.

Nachweise und Erlaubnisse

BEISPIEL: GENEHMIGUNGSPFLICHTIGE GEWERBE

Wenn Sie eines der folgenden Gewerbe ausüben wollen, brauchen Sie eine Genehmigung.

- Arbeitnehmerüberlassung
- Bewachungsgewerbe
- Buchführungshelfer
- Gaststättengewerbe
- Güterkraftverkehr
- Handel mit freiverkäuflichen Arzneimitteln
- Inkassobüro
- Versteigerer
- Makler
- Personenbeförderung
- Pfandleiher
- Reisegewerbe
- Spielgeräteaufstellung
- Versicherungsvermittlung

Auf der Internetseite der IHK finden Sie eine alphabetische Liste der genehmigungspflichtigen Gewerbe – von Abfallbeseitigung bis Zweiradmechaniker. Auch die jeweils zuständige Stelle ist hier angegeben.

Kammerpflicht bei Freien Berufen

Funktion der Kammern

Die sogenannten kammerfähigen Freien Berufe verlangen eine Pflichtmitgliedschaft in der zuständigen Kammer. Darunter fallen Ärzte, Zahnärzte, Apotheker, Notare, Rechtsanwälte, Patentanwälte, Steuerberater, Wirtschaftsprüfer, Architekten und beratende Ingenieure. Sonderregelungen gelten für freiberufliche Architekten und Ingenieure, bei denen die Kammermitgliedschaft an bestimmte Bedingungen geknüpft ist. Die Kammern vertreten nicht nur die Interessen ihrer Mitglieder, sondern sollen gleichzeitig sicherstellen, dass diese ihren Beruf ordnungsgemäß ausüben. Für alle anderen Freien Berufe besteht in der Regel keine Kammerpflichtmitgliedschaft.

Berufsrecht und -ausübung bei Freien Berufen

Nicht jeder Freie Beruf darf einfach so ausgeübt werden. Zahlreiche freiberufliche Tätigkeiten verlangen eine hohe fachliche Kompetenz und eine entsprechende Ausbildung, oft ist eine akademische Hochschulausbildung Voraussetzung. Wer in diesen Berufen arbeiten will, muss belegen, dass er einen entsprechenden Abschluss hat. Mitglieder einer Kammer weisen ihre Ausbildung dort nach, andere Freie Berufe müssen den Nachweis zum Beispiel bei öffentlichen Einrichtungen erbringen.

> **BEISPIELE: NACHWEIS ÜBER EINE ABGESCHLOSSENE AUSBILDUNG**
>
> – Ein Heilpraktiker muss den Nachweis über eine entsprechende Ausbildung beim Gesundheitsamt erbringen.
> – Ein öffentlich bestellter und vereidigter Sachverständiger hingegen muss in einer Prüfung vor der IHK seine Sachkenntnis beweisen.

Beim Bundesverband Freie Berufe und beim Institut für Freie Berufe erfahren Sie, wer wo welche Nachweise zu erbringen hat.

5. Welche Rechtsform ist die richtige für mein Vorhaben?

Die Rechtsform ist wie ein festes Gerüst für Ihr Unternehmen. Beachten Sie bei Ihrer Entscheidung, dass je nach Rechtsform unterschiedlich hohe einmalige Kosten, zum Beispiel Stammkapitaleinlage und Notarkosten, sowie laufende Kosten, zum Beispiel für Buchhaltung oder Büromiete, anfallen. Wir konzentrieren uns hier (und auch später bei der Namenswahl) auf die Rechtsformen, die bei Existenzgründern am meisten verbreitet sind. Folgende Fragen helfen Ihnen, die passende Variante zu wählen:

Festes Gerüst

- Gründen Sie allein oder mit Partnern?
- Welche Rechtsform ist in Ihrer Branche üblich?
- Möchten Sie die Haftung beschränken?

Der Favorit: Einzelunternehmen

Vorteile 70 Prozent der Gründer in Deutschland, die alleine an den Start gehen, wählen das Einzelunternehmen als Rechtsform. Damit ist die selbständige Tätigkeit einer einzelnen natürlichen Person geregelt. Wer sich für keine spezielle Rechtsform (siehe unten) entscheidet, wird automatisch zum Einzelunternehmer. Die Vorteile, die damit verbunden sind:

- Sie brauchen kein Mindestkapital in das Unternehmen einzubringen, haften dafür allerdings uneingeschränkt mit Ihrem Privatvermögen.

- Die Gründung ist unbürokratisch und mit geringen Kosten möglich. Sie benötigen weder Rechtsanwalt noch Notar.

- Sie kommen bis auf Weiteres mit der Einnahmen-Überschuss-Rechnung aus (→ 29. Wie ermittle ich den Gewinn für das Finanzamt?).

- Als Gewerbetreibender profitieren Sie von einem Gewerbesteuer-Freibetrag in Höhe von 24.500 Euro (→ 34. Bewirtungen, Geschenke, Eigenbelege: Welche Besonderheiten sind zu beachten?).

Mit Gesellschaftsvertrag: GbR

Gesellschafts-vertrag Die Gesellschaft bürgerlichen Rechts (GbR) ist das Gegenstück zum Einzelunternehmen, falls Sie nicht alleine starten, sondern mit Partnern gründen. Benötigt werden

mindestens zwei Gesellschafter, die sich zu einem bestimmten Zweck zusammentun. Ein schriftlicher Gesellschaftsvertrag ist bei dieser Rechtsform nicht zwingend
notwendig, jedoch empfehlenswert. Jeder Gesellschafter
haftet mit seinem Privatvermögen in voller Höhe für die
gemeinsamen Verbindlichkeiten des gemeinsamen Unternehmens. Ebenso wie beim Einzelunternehmen fällt Gewerbesteuer nur auf den Gewinn an, der den (gemeinsamen) Freibetrag von 24.500 Euro übersteigt – sofern Sie
nicht ohnehin Freiberufler sind.

GUT ZU WISSEN

Für Gewerbetreibende und Freiberufler
Einzelunternehmen und GbR können sowohl von Gewerbetreibenden als auch
von Freiberuflern gewählt werden.

Nur für Freiberufler: Partnergesellschaft

Für viele Freiberufler, die im Team gründen, ist die Partnergesellschaft (ebenfalls eine Personengesellschaft) die
erste Wahl. Falls Sie sich für diese Rechtsform entscheiden, benötigen Sie bei der Gründung kein Mindestkapital
für das Unternehmen.

Haftung
gegenüber
Kunden

Der wichtigste Vorteil der Partnergesellschaft betrifft die
Haftungsfrage: Anders als in der GbR können Sie die Haftung gegenüber Kunden, Mandanten oder Patienten auf
das Privatvermögen des Partners beschränken, der mit
dem Auftrag befasst war. Weil außerdem nur Freiberufler
Partner werden dürfen, bleiben obendrein die vereinfach-
ten Buchführungsvorschriften und vor allem die Gewerbe-
steuerfreiheit erhalten.

25

GUT ZU WISSEN

Einzelunternehmen und Personengesellschaft versus Kapitalgesellschaft

Einzelunternehmen und GbR (letztere zählt zu den Personengesellschaften) zeichnen sich dadurch aus, dass die Gesellschafter für die Schulden ihres Unternehmens uneingeschränkt mit ihrem persönlichen Vermögen haften. Außerdem sind sie nicht nur Inhaber, sondern auch Leiter der Firma.

Im Gegensatz zum Einzelunternehmen und zur Personengesellschaft ist bei einer Kapitalgesellschaft die Haftung beschränkt. Für geschäftliche Aktivitäten haften die Gesellschafter beziehungsweise Aktionäre nur in Höhe ihrer Einlage. Hingegen ist der bürokratische Aufwand bei den Kapitalgesellschaften deutlich höher. Für Existenzgründer sind vor allem die GmbH und die Unternehmergesellschaft (UG, haftungsbeschränkt) relevant.

Mit Stammkapital: GmbH

Begrenzte Haftung

Die am häufigsten vertretene Kapitalgesellschaft ist die GmbH. Sie eignet sich als Rechtsform für Einzelpersonen („Ein-Mann-GmbH") ebenso wie für Teamgründungen. Wie der Name schon sagt: Die Haftung einer GmbH ist auf ihr Vermögen begrenzt, die Gesellschafter haften nur mit ihrer Einlage. Eine GmbH zu gründen ist recht teuer (notariell zu beurkundender Gesellschaftsvertrag, Handelsregistereintrag). Sie müssen mindestens 25.000 Euro Stammkapital aufbringen und zunächst zur Hälfte einlegen.

Mit Haftungsbeschränkung: Unternehmergesellschaft

Wichtigste Alternative

Die UG ist eine noch neue Rechtsform. Sie hat sich seit ihrer Einführung 2008 für kleinere Vorhaben zur wichtigsten Alternative zu Einzelunternehmen und GbR entwickelt. Als kleinere Schwester der GmbH wird sie auch

Mini-GmbH genannt. Der entscheidende Unterschied zur GmbH: Als Stammkapital reicht im Extremfall schon ein einziger Euro aus. In der Praxis sollte die Einlage allerdings höher bemessen sein, damit zumindest die Gründungskosten und die Anlaufverluste abgedeckt sind. Wichtig: Sie müssen mit dem Zusatz „UG (haftungsbeschränkt)" immer auf die Rechtsform Ihres Unternehmens hinweisen. Möglicherweise schreckt dies Geschäftspartner in spe ab. Darüber hinaus müssen Sie ein Viertel Ihrer Gewinne in der Gesellschaft ansparen und das anfängliche Stammkapital erhöhen, bis Sie das Mindestkapital einer GmbH in Höhe von 25.000 Euro beisammenhaben.

GUT ZU WISSEN

Gewerbesteuerpflicht für UG und GmbH

UGs und GmbHs sind aus Sicht des Finanzamts grundsätzlich Gewerbebetriebe und daher gewerbesteuerpflichtig.

Limited

Unter den Kapitalgesellschaften ist die Limited die weniger attraktive Variante als die UG. Zunächst geht die Gründung recht schnell und Sie haften nicht mit Ihrem Privatvermögen. Das Mindestkapital beträgt ein britisches Pfund. Die Folgekosten können jedoch erheblich sein, da die Gründung im Ausland erfolgt und die dort geltenden Vorschriften zu beachten sind.

Erhebliche Folgekosten

TIPP: EIN WECHSEL IST MÖGLICH

Bei der Wahl der Rechtsform müssen Sie sich nicht für immer und ewig entscheiden. Sie können als Einzelunternehmen oder GbR starten und das Geschäft später zum Beispiel in eine GmbH überführen.

6. Was muss ich bei einer Teamgründung beachten?

Wer sich nicht als Einzelkämpfer selbständig machen will, denkt über eine Teamgründung nach. Die damit verbundenen Vorteile liegen auf der Hand:

- Sie können auf ein breiteres Spektrum fachlicher und kaufmännischer Kompetenz zurückgreifen.

- Die Finanzkraft ist stärker.

- Ein größeres Netzwerk hat mehr Kontakte.

- Die Partner können sich im Krankheitsfall vertreten.

Passende Partner

Was viele übersehen: Der Start als Team ist auch mit Schwierigkeiten verbunden. Zunächst müssen Sie erst einmal den/die passenden Partner finden. Zudem birgt Teamarbeit die bekannten Probleme – TEAM = Toll, ein anderer macht's. Deshalb scheitern viele Gründungen, an denen mehrere Partner beteiligt sind.

Das sollten Sie vorab klären

Eine Teamgründung hat aber noch eine ganz andere Dimension, die häufig nicht bedacht wird: Sie ist ein wesentlicher Schritt, der von Umfang und Aufwand her nicht unterschätzt werden darf. In der Regel investieren Gründer in die Vorarbeit und die Gründung selbst viel Zeit und Geld. Eine GbR zu gründen ist beispielsweise wesentlich aufwendiger als die Gründung eines Einzelunternehmens: Mit sich selbst brauchen Sie keinen Vertrag abzuschließen, mit Ihren zukünftigen Partnern sollten Sie das hingegen unbedingt tun. Das ist alles andere als trivial und muss mit Sorgfalt erledigt werden.

Machen Sie sich bewusst, dass viele unternehmerische Aspekte bereits im Vorfeld geklärt und fixiert sein müssen. Das betrifft folgende Fragen:

Vorab zu klärende Fragen

- Besteht über das Unternehmensziel Einigkeit? Haben Sie es schriftlich fixiert?

- Ist die gewählte Rechtsform die richtige für das gemeinsame Projekt?

- Wie ist das unternehmerische Risiko zwischen den Partnern aufgeteilt?

- Sind die Kompetenzen sauber abgegrenzt?

- Wer darf bis zu welchem Budget eigenständig entscheiden und in welchen Situationen ist ein Gesellschafterbeschluss erforderlich?

- Wer bringt wie viel Arbeitszeit ein und wie ist abhängig davon die Gewinnverteilung organisiert?

- Haben Sie für ernsthafte Probleme (Ausfall des Partners, Trennung) ein Notfall-Szenario?

Jede dieser Fragen hat eine große Tragweite. Ein umfassender Vertrag, der alle angesprochenen Punkte regelt, sollte möglichst frühzeitig geschlossen werden.

Umfassender Vertrag

Bedenken Sie, dass die Absprachen nicht nur Arbeitszeiten und Entlohnung regeln. Sie nehmen darüber hinaus auch Themen und Situationen vorweg, die aktuell keine Relevanz haben und womöglich erst in vielen Jahren oder überhaupt nicht eintreten. Für eventuell auftretende Konflikte müssen ebenfalls Regelungen getroffen werden: Machen Sie sich zum Beispiel klar, was passiert, wenn einer der Partner aussteigen will. Geht er einfach oder wird er entschädigt? Wie viel Gewinn wird ausbezahlt, wenn die Kassen knapp sind?

Besonderheiten beim Antrag auf Förderung

Jeder einzelne Gesellschafter im Team, der sich hauptberuflich selbständig macht, kann für sich Gründungszuschuss beantragen, sofern er die Voraussetzungen dafür erfüllt (→ 14. Habe ich Anspruch auf Gründungszuschuss?). Wenn der Anteil am Unternehmen weniger als 50 Prozent ausmacht, muss im Vertrag jedoch eine Sperrminorität vereinbart sein (siehe hierzu unter www.gruendungszuschuss.de/faq).

Gemeinsamer Businessplan

Der gemeinsame Businessplan wird bei einer fachkundigen Stelle eingereicht und nur einmal geprüft. Im Abschnitt zur persönlichen Eignung und Organisation beschreiben Sie die Motive und Stärken der einzelnen Gründer sowie die Aufgabenteilung im Team. Außerdem nehmen Sie die Lebensläufe und gegebenenfalls Zeugnisse aller Gründer in den Anhang zum Businessplan auf (→ 25. Aus welchen Teilen besteht ein Businessplan?).

7. Der richtige Name: Was passt und ist erlaubt?

Eigenschaften

Für welchen Firmennamen Sie sich entscheiden, ist ein wichtiger Aspekt zu Beginn Ihrer Selbständigkeit. Wenn der Name sorgfältig gewählt ist und zu Ihnen passt, kann er für Bekanntheit sorgen und viel Geld für das Marketing sparen. Ein guter Name

- ist einfach und gut verständlich,
- leicht erinnerbar und somit wiedererkennbar,
- enthält keine Abkürzungen,
- erregt Interesse,
- vermeidet negative Assoziationen,
- lässt Geschäftserweiterungen zu,
- enthält bildhafte Ausdrücke,
- kommuniziert einen USP.

> **TIPP: DENKEN SIE AN DIE DOMAIN**
>
> Achten Sie bei der Namenswahl darauf, dass der Firmenname domaintauglich und eine passende Domain frei ist.

Trauen Sie sich und seien Sie ruhig ein wenig frech, wenn Sie Ihren Firmennamen auswählen. Fragen Sie Bekannte und potenzielle Kunden, wie verschiedene Namensideen bei ihnen ankommen.

Neben kreativen spielen rechtliche Aspekte eine wichtige Rolle bei der Namenswahl. Die Möglichkeiten der Namensgebung hängen vor allem von der gewählten Rechtsform ab. Daneben dürfen Sie Marken- und Schutzrechte anderer Rechteinhaber durch den gewählten Namen nicht verletzen – andernfalls drohen Ihnen Unterlassungs- und eventuell auch Schadensersatzklagen. Versuchen Sie unbedingt, spätere kostspielige Namensänderungen zu vermeiden.

Rechtliche Aspekte

Die Geschäftsbezeichnung

Wer nicht im Handelsregister eingetragen ist – in der Regel Freiberufler, Kaufleute, Kleingewerbetreibende, GbRs und Partnergesellschaften – wählt eine sogenannte Geschäftsbezeichnung. Diese wird in keinem öffentlichen Verzeichnis registriert.

Lassen Sie Ihre Geschäftspartner bereits am Namen erkennen, mit wem sie es zu tun haben. Außerdem wichtig: Es darf nicht zu Verwechslungen mit bestehenden Unternehmen kommen. Beachten Sie auch, dass Sie keinen falschen Eindruck in Bezug auf Rechtsform und Größe Ihres Unternehmens erwecken dürfen. Nennen Sie sich als Einzelunternehmer also nicht „Geschäftsführer", denn damit suggerieren Sie, dass Sie eine Unternehmergesellschaft oder GmbH vertreten. Einen falschen Eindruck würden auch Städte- und Ländernamen in der Geschäftsbezeichnung wecken (ein kleiner Wäscheladen sollte nicht „Münchner Wäschecenter" heißen), das Gleiche gilt für Begriffe wie AG, Gesellschaft und Partner.

Fantasie-namen

Als Einzelunternehmer müssen Sie mit Vor- und Zunamen auftreten, das heißt, Sie müssen beide Bestandteile zum Beispiel auf Briefen, Rechnungen oder Angeboten angeben. Daneben ist es möglich, eine Geschäfts- oder Etablissementbezeichnung zu benutzen („Nähstudio Britta Fädel"). Mittlerweile darf diese Fantasienamen und sogar Buchstabenkürzel enthalten („Flinke Nadel Britta Fädel", „FN Britta Fädel"). Geschäfts- oder Etablissementbezeichnungen kennzeichnen nicht den Unternehmer selbst, sondern das Unternehmen oder das Geschäftslokal. Ladengeschäfte, Hotels oder Apotheken zum Beispiel werden üblicherweise mit eigenen Namen versehen („Eiscafé San Remo", „Hotel zur Linde", „Kurapotheke").

Den Namenszusatz können Sie auf Ihrem Briefpapier als Logo darstellen oder durch eine spezielle typografische Gestaltung hervorheben. Ihr Vor- und Zuname sollten aber immer deutlich erkennbar dabeistehen, damit die Kunden wissen, dass sie es mit Ihnen als Einzelunternehmer zu tun haben.

Namens-zusatz

Ähnlich verhält es sich bei GbRs: Ihr Name muss die Vor- und Zunamen aller beteiligten Gesellschafter enthalten, außerdem ist der Zusatz „GbR" zwingend. Dies kann ebenfalls durch eine Geschäfts- und Etablissementbezeichnung ergänzt werden.

Bei einer Partnergesellschaft müssen Sie darauf achten, dass der Firmenname aus mindestens einem Gesellschafternamen, dem Zusatz „und Partner" sowie den in der Gesellschaft vertretenen Berufen besteht (zum Beispiel „Fellner und Partner, Rechtsanwälte").

Der Firmenname

Sämtliche im Handelsregister eingetragenen Unternehmen führen einen Firmennamen, der auch einen Rechtsformzusatz enthält. Der Name kann aus folgenden Bestandteilen zusammengesetzt sein:

- Eigener Name: „Brunner UG (haftungsbeschränkt)"

- Sach- oder Tätigkeitsbezeichnung: „Brunners Grafikstudio UG (haftungsbeschränkt)"

- Fantasienamen: „Design-Art UG (haftungsbeschränkt)"

Für Kapitalgesellschaften ist der Eintrag ins Handelsregister Pflicht, als Einzelunternehmer können Sie sich freiwillig eintragen lassen. In diesem Fall hängen Sie an Ihren Namen oder – falls Sie auf die Angabe von Vor- und Zunamen verzichten wollen – an die gewählte Geschäfts-

Eintrag ins Handels-register

33

bezeichnung „eingetragener Kaufmann", kurz „e. K." an, zum Beispiel: „WAKO e. K.".

Der Nachteil: Bei eingetragenen Unternehmen reicht eine einfache Einnahmen-Überschuss-Rechnung nicht aus, deshalb entstehen deutlich höhere Kosten für Buchhaltung und Steuerberater.

GUT ZU WISSEN

Wichtiges zum Firmennamen

- Bei eingetragenen Unternehmen muss der Firmenname in jedem Fall einen Rechtsformzusatz wie zum Beispiel „GmbH" enthalten.
- Für die Sach- oder Tätigkeitsbezeichnung dürfen Sie keine Branchenbezeichnung wählen, „Reinigungs GmbH" zum Beispiel wäre aus dem Grund nicht zulässig. Der Firmenname muss Kennzeichnungs- und Unterscheidungskraft besitzen.
- Bestimmte Begriffe wie „Institut", „Finanz", „Bio", „Zentrum", „Bank" oder „europäisch" dürfen wegen möglicher Irreführung nicht ohne besondere Erlaubnis verwendet werden.

Vorsicht Namensrechte!

Teurer Wechsel

Achten Sie bei der Wahl der Geschäftsbezeichnung oder des Firmennamens darauf, dass Sie nicht das Namensrecht eines bestehenden Unternehmens verletzen. Eine solche Firma könnte Sie auch Jahre später noch abmahnen und Sie dazu zwingen, Ihren Namen zu wechseln. Da Sie bis dahin vermutlich viel Geld und Zeit investiert haben, um Ihren Namen bekannt zu machen, kann Sie ein erzwungener Wechsel teuer zu stehen kommen. Ebenso gilt: Hat ein Unternehmen den Markennamen, den Sie verwenden wollen, bereits angemeldet, kann es gegen Sie klagen. Eine Internetrecherche hilft oft weiter, um herauszufinden, welche Namen schon genutzt werden.

TIPP: WENDEN SIE SICH AN DIE IHK

Die IHK prüft in der Regel kostenlos, ob Ihr Firmenname bereits vergeben ist. Eine solche Recherche ist bundesweit möglich. Um sicherzugehen, können Sie auch einen Rechtsanwalt hinzuziehen, zum Beispiel im Rahmen einer Markenanmeldung. Dieser beauftragt im Vorfeld ein Recherchebüro mit der Suche nach gleichen oder ähnlichen Namen. Im Anschluss bespricht er mit Ihnen, ob sich durch Ihre Namenswahl ein Problem ergeben könnte.

Schutz vor Namensraub

Damit Ihr Unternehmen nicht mit anderen verwechselt wird und Ihnen niemand Ihren guten Namen rauben kann, empfiehlt es sich, diesen als Wort- und/oder Bildmarke schützen zu lassen. Dazu lassen Sie ihn beim Deutschen Patent- und Markenamt in München als Marke eintragen. Eine Anmeldung kostet 300 Euro Grundgebühr. Der Schutz Ihres Firmennamens berechtigt Sie dazu, Schadensersatzansprüche oder Unterlassungen gegenüber Dritten geltend zu machen, falls diese Ihren Firmennamen absichtlich oder unwissentlich benutzen.

Eintrag als Marke

8. Gibt es einen Markt für meine Leistungen?

Sie haben bis hierher eine ganze Menge Wissenswertes erfahren, vielleicht haben Sie schon einige grundlegende Entscheidungen zu Geschäftsidee, Name und Rechtsform getroffen oder Ihre Auswahl zumindest eingeschränkt. Eine ganz zentrale Frage bleibt aber: Sind Sie sich sicher, dass es einen ausreichend großen kaufkräftigen Markt für Ihre Leistungen gibt? Um diese Frage zu beantworten,

Nachfrage prüfen

sollten Sie Ihr Geschäftsmodell so früh wie möglich auf die Probe stellen – also am besten jetzt gleich.

Wenn sich bestätigt, dass Sie Ihre Leistungen überzeugend kommunizieren und mit vertretbarem Aufwand verkaufen können, wird Ihnen das Schwung und Selbstvertrauen für die nächsten Schritte bei der Gründung geben. Schlägt Ihnen eher Widerstand und Desinteresse entgegen, sollten Sie die Flinte dennoch nicht gleich ins Korn werfen. Nehmen Sie sich noch einmal ausreichend Zeit, um an Ihrer Idee zu feilen und auch daran, wie Sie sie kommunizieren.

Der Elevator Pitch – Vorstellung in 30 Sekunden

Robuste Ergebnisse Je mehr Menschen Sie zu Ihrer Geschäftsidee befragen, umso robuster sind Ihre Ergebnisse. Zunächst müssen Sie aber das Interesse Ihrer Gesprächspartner wecken, indem Sie kurz und knapp sagen, was Sie vorhaben. In der Regel haben Sie nicht mehr als 30 Sekunden Zeit, egal ob Sie auf der Straße oder am Telefon eine Befragung durchführen, probeweise erste Akquisegespräche führen, einen Journalisten ansprechen oder sich auf einer Networking-Veranstaltung vorstellen.

Stellen Sie sich vor, Sie würden zufällig gleichzeitig mit Ihrem potenziell wichtigsten Kunden einen Aufzug (US-Englisch: „elevator") betreten und hätten nun genau bis zum obersten Stockwerk Zeit, ihm von Ihren Plänen zu berichten. Ihr Ziel dabei ist, Ihr Gegenüber neugierig zu machen, sodass es Sie, oben angekommen, um weitere Informationen oder Ihre Visitenkarte bittet.

Vorgehen Was müssten Sie im Rahmen eines solchen Elevator Pitchs sagen, um das gewünschte Ergebnis zu erreichen? Falls Sie einander noch nicht kennen, fragen Sie wahrscheinlich: „Darf ich mich kurz vorstellen?" Auf jeden Fall stellen Sie als Erstes den Blickkontakt her, nennen Ihren Namen und den Anlass, warum Sie sich vor Ort befinden oder woher Sie einander kennen, und schütteln Ihrem Gegenüber die Hand.

Wenn Sie wirklich nur 30 Sekunden Zeit haben, müssen Sie sofort mit dem Pitch, also dem kurzen Verkaufsgespräch, beginnen: Sagen Sie, mit welcher Idee Sie sich selbständig machen – ganz knapp und unmissverständlich, in einfachen Worten, ohne Fachbegriffe, sodass jeder Sie verstehen kann. Erklären Sie dann so anschaulich wie möglich, was Sie von anderen unterscheidet und welchen Nutzen Ihr Gesprächspartner (Ihr Kunde) ganz konkret von Ihren Produkten oder Leistungen hat. Machen Sie es ihm ganz einfach, Sie zu verstehen, indem Sie Bilder und Beispiele verwenden. Sprechen Sie mit innerer Begeisterung und stecken Sie den Gesprächspartner damit regelrecht an. Schließen Sie mit einer Frage ab, die in ein Gespräch überleitet.

Mit diesen Anregungen sollte es Ihnen gelingen, in wenigen Minuten einen ersten Elevator Pitch zu formulieren, drei oder vier Sätze genügen schon. Ab dann wird jeder Anruf und jede Begegnung zu einem Verkaufstraining für Sie. Es wird Sie beruhigen zu wissen: Das Ziel ist nicht, immer einen Abschluss zu erzielen, sondern mit anderen ins Gespräch über Ihre Geschäftsidee zu kommen und Feedback zu erhalten. Wenn Sie schon in dieser Phase erste Kunden gewinnen und Empfehlungen erhalten, umso besser.

Feedback

Befragen Sie gezielt potenzielle Kunden

Einer der besten Wege, um den Markt für das eigene Angebot zu erkunden, ist eine Befragung potenzieller Kunden. Definieren Sie Ihre Zielgruppe und überlegen Sie sich, wo

Zielgruppe definieren

Sie diese Menschen am wahrscheinlichsten antreffen oder wie Sie eine Liste mit Namen und Telefonnummern von Zielunternehmen erstellen können.

TIPP: SO BESTIMMEN SIE ZIELGRUPPEN

Wenn Sie herausfinden wollen, wer Ihre Zielgruppe ist, befassen Sie sich mit den folgenden Fragen.
- Wie weit ist Ihr regionaler Aktionsradius?
- Handelt es sich um Privat-, Geschäftskunden oder beides?
- Bei Privatkunden: Alter, Geschlecht, familiäre Situation, Lebensstandard, besondere Interessen ...
- Bei Geschäftskunden: Branche, Mitarbeiterzahl, Ansprechpartner/Entscheider ...

Privatkunden, die schon äußerlich erkennbar in Ihre Zielgruppe gehören, können Sie auf der Straße oder in einem Einkaufszentrum ansprechen. Geschäftskunden rufen Sie am besten am Arbeitsplatz an. Auf Online-Umfragen sollten Sie verzichten, denn es geht ja gerade um ein persönliches Feedback.

Fragebogen Ihr Fragebogen für den Ideentest sollte möglichst kurz sein, wir empfehlen die folgenden sechs Fragen, die Sie an Ihre Bedürfnisse anpassen können:

- Haben Sie Interesse an ...?

- Welche besonderen Wünsche und Erwartungen verbinden Sie mit ...?

- Was ist Ihnen bei ... wichtig? (Beispiele: Schnelligkeit, Zuverlässigkeit, der Preis, persönlicher Kontakt, höchste Qualität)

- Wie oft würden Sie ... kaufen?/Wie hoch ist das typische Auftragsvolumen?

- Wo würden Sie suchen, wenn Sie … benötigen würden?

- Was wäre Ihnen … wert? Oder: Wäre ein Preis von … Euro für Sie akzeptabel? Oder: Was schätzen Sie, was … kosten würde?

Wenn Sie sich schon einen Namen für Ihr Unternehmen ausgedacht haben, können Sie auch Meinungen dazu und zu eventuellen Assoziationen abfragen. Setzen Sie sich das Ziel, nicht weniger als 100 Personen zu befragen. Das ist zu viel? Machen Sie sich klar, dass es später, in einer realen Verkaufssituation, möglicherweise viel schwieriger ist, andere Menschen anzusprechen, als im Rahmen einer unverbindlichen Befragung.

Zielvorgabe

Trauen Sie sich. Sagen Sie, dass Sie Existenzgründer sind und den Rat Ihres Gesprächspartners benötigen. Sie werden erleben, wie hilfsbereit viele Menschen sind, wenn sie es nicht gerade eilig haben. Außerdem werden Sie sehr viel darüber erfahren, ob Ihre Idee verstanden wird, welche Aspekte auf Interesse stoßen und was für Ihre Kunden gar nicht so wichtig ist, wie Sie vielleicht gedacht haben.

Führen Sie einen Markttest durch

Die Gefahr bei einer Befragung, vor allem wenn Sie die Gesprächspartner bereits persönlich kennen: Man möchte Sie nicht verletzen und nicht geizig erscheinen, wenn es um eine Preisschätzung geht. Deshalb sollten Sie noch konkreter werden und einen Prototyp Ihres Produkts oder Ihrer Werbematerialien anfertigen. Sie können Ihre Leistungen auch im kleineren Rahmen testweise anbieten. Oder als Trainer einen Testvortrag bei den Mitgliedern eines Berufsverbands halten. Oder eine Website oder einen Blog zu dem Thema starten, für das Sie als Experte wahrgenommen werden wollen. Sie möchten ein Catering-Un-

Prototyp und Vorabtests

ternehmen betreiben? Dann stellen Sie das Essen für die Party von Freunden oder für ein Schul- oder Kirchenfest zur Verfügung. Schalten Sie Testanzeigen im Internet und verfolgen Sie, wie häufig die Anzeige angeklickt wird und wie oft das Produkt, das Sie vielleicht erst noch beschaffen oder entwickeln müssen, auf der vorläufigen Website bestellt wird. Ihre ersten Kunden müssen Sie womöglich vertrösten, aber dafür erfahren Sie genau, wie viel Sie pro Bestellung in Werbung investieren müssen und ob sich das lohnt.

Große Nachfrage

Vielleicht sind Sie überrascht, wie viele Reaktionen Sie bekommen, und können schon während dieser Phase erste Aufträge verbuchen. Wenn Sie beim Experimentieren auf große Nachfrage stoßen, ist das, als hätten Sie eine Goldader entdeckt. Wenn Sie jetzt in die nötige Ausrüstung investieren, um das Gold zu schürfen, handelt es sich um eine sichere Investition.

9. Wie hoch sind eigentlich die Erfolgschancen von Gründern?

„Überlebensquote"

Wie lässt sich der Erfolg von Existenzgründungen messen? In der Wissenschaft wird dazu am häufigsten die „Überlebensquote" („survival rate") untersucht, das heißt, man befragt möglichst viele Existenzgründer aus einer Gesamtheit nach einer bestimmten Anzahl von Jahren, ob sie immer noch hauptberuflich selbständig sind. Die Frage klingt einfach. Aber bedeutet ein Ja auch automatisch Erfolg und ein Nein Misserfolg?

Wenn man einige Jahre nach der Gründung immer noch hauptberuflich selbständig ist, kommt es doch auch darauf an, wie viel man verdient – relativ zu den Lebenshaltungskosten und verglichen mit der vorherigen Tätigkeit. Auch die Arbeitszeit, die man investieren muss, spielt eine Rolle. Vielen Gründern mit familiären Verpflichtungen geht es aber gar nicht darum, dass sie ihre Lebenshaltungskosten selbst decken können. Und kommt es nicht unabhängig vom Verdienst auch darauf an, wie zufrieden man mit seiner Tätigkeit ist?

Gründer, die zum Befragungszeitpunkt nicht mehr hauptberuflich selbständig sind, betrachten die Wissenschaftler als gescheitert. Auch dann, wenn die Betroffenen ihre Selbständigkeit zugunsten einer gut bezahlten Anstellung beendet haben.

Ein weiteres Kriterium bei wissenschaftlichen Untersuchungen über Erfolg ist, ob es gelungen ist, zusätzliche Arbeitsplätze aufzubauen. Dabei darf aber nicht der volkswirtschaftliche Effekt übersehen werden, der entsteht, weil die Existenzgründer sich zunächst einmal selbst einen Arbeitsplatz schaffen. Viele Gründer haben, meist aus guten Gründen, gar nicht die Absicht zu wachsen und Arbeitgeber zu werden. Trotzdem entstehen durch kleine Existenzgründungen in Summe sehr viel mehr Arbeitsplätze als bei allen DAX-Unternehmen zusammen.

Arbeitsplätze

Was Untersuchungen ergeben haben

Am besten erforscht sind in Deutschland die Erfolgsquoten geförderter Gründungen aus der Arbeitslosigkeit heraus. Um die Wirksamkeit der Gründungsförderung zu untersuchen, hat man über Jahre hinweg repräsentative Befragungen durchgeführt.

Fünf Jahre nach der Gründung waren demnach je nach Zielgruppe (Frauen/Männer, neue/alte Bundesländer, Ich-AG/Überbrückungsgeld) durchschnittlich zwischen 55 und

Ergebnisse

41

70 Prozent der Befragten noch hauptberuflich selbständig. Weitere 20 Prozent waren zu diesem Zeitpunkt wieder fest angestellt. Die Selbständigkeit wirkte wie ein „Training on the job". So haben diese Gründer Fähigkeiten erworben und Netzwerke aufgebaut, die zu ihrer Anstellung führten. Nur rund zehn Prozent der vormals Arbeitslosen war fünf Jahre später erneut arbeitslos. Die Wissenschaftler bewerten deshalb die Gründungsförderung als eines der wirksamsten Instrumente der Arbeitsmarktpolitik.

Befragung in den USA Bei der größten repräsentativen Befragung in den USA ergab sich sechs Jahre nach der Gründung eine Überlebensquote von rund 50 Prozent, allerdings handelte es sich überwiegend um nicht geförderte Existenzgründungen. Bei Hightech-Gründungen, zum Beispiel Ausgründungen an Universitäten (kommerziellen Ablegern wissenschaftlicher Projekte), ist die Überlebensquote deutlich niedriger. Dies liegt zum einen an dem Risiko, das damit verbunden ist, eine Technologie zur Marktreife zu führen. Oft kommt aber hinzu, dass sich die Gründer sehr stark auf die Technologie fokussieren und darüber das Marketing vernachlässigen.

Geförderte Kleingründer haben also vergleichsweise gute Chancen, sich langfristig am Markt zu etablieren. 50 bis 70 Prozent schaffen das. Die individuellen Chancen dürften bei gründlicher Vorbereitung sogar deutlich höher liegen.

Wie zufrieden sind die Gründer?

Erfolgs- größen Wie sieht es denn in den ersten Jahren nach der Gründung aus? Kann man schon von der Selbständigkeit leben? Und wie zufrieden sind die Gründer? Diese Erfolgsgrößen haben wir (Andreas Lutz in Zusammenarbeit mit Wissenschaftlern von der Ludwig-Maximilians-Universität und der Technischen Universität München) im Rahmen eigener Befragungen untersucht. Dabei ergab sich Folgendes:

- Ein bis zwei Jahre nach der Gründung waren noch 91 Prozent der Gründer hauptberuflich selbständig.

- Zwei Drittel (65 Prozent) konnten aus dem Gewinn den Lebensunterhalt und die Sozialversicherung decken, die Gründung war also tragfähig.

- 27 Prozent verdienten zum Befragungszeitpunkt bereits mehr als vorher, 19 Prozent ungefähr gleich viel und 40 Prozent hatten das bisherige Einkommen (noch) nicht erreicht. Die restlichen Befragten machten keine Angabe hierzu.

- 14 Prozent beschäftigten schon zu diesem frühen Zeitpunkt sozialversicherungspflichtige Mitarbeiter – und zwar im Durchschnitt 5,8.

Die letzte Beobachtung lässt sich durchaus verallgemeinern: Nur eine Minderheit der Gründer schafft über den eigenen hinaus weitere Arbeitsplätze. Die Gesamtzahl der geschaffenen Arbeitsplätze gleicht dies jedoch aus, sodass je nach Studie ein halber bis ein ganzer zusätzlicher Arbeitsplatz pro Kleingründung entsteht.

Zusammenfassend kann man sagen, dass die Überlebensquote wenige Jahre nach der Gründung erwartungsgemäß relativ hoch ist, sich aber nur ein Teil der Gründer finanziell etabliert hat. Fast ein Drittel benötigt zu diesem frühen Zeitpunkt noch finanzielle Unterstützung, schießt eigene Ersparnisse zu oder schränkt seinen Lebensstandard zeitweilig ein.

Hohe Überlebensquote

Trotz dieser Einschränkungen gaben 97 Prozent der Befragten (obwohl neun Prozent davon ihre Selbständigkeit bereits beendet hatten!) an, sie würden sich noch einmal selbständig machen. Dieses erstaunliche Ergebnis zeigt sich immer wieder bei Befragungen, bei denen diese Frage gestellt wird.

Zufrieden-
heit

Auf einer Skala von 1 („sehr zufrieden") bis 5 beurteilten die Befragten ihre Zufriedenheit mit folgenden durchschnittlichen Werten:

- Selbstverwirklichung: 1,7
- Zeitliche Flexibilität: 2,0
- Sozialkontakte: 2,1
- Vereinbarkeit mit Familie: 2,6
- Finanzielle Aspekte: 2,8

Eine Selbständigkeit bedeutet also für einen Großteil der Gründer zunächst finanzielle und auch familiäre (Freizeit!) Einschränkungen. Das hohe Maß an inhaltlicher und zeitlicher Selbstbestimmung (sowie häufig auch ein Mehr an Sozialkontakten) macht dies jedoch wett und führt unterm Strich zu außerordentlich hoher Zufriedenheit unter den Selbständigen.

10. Wie kann ich die Angst vor dem Scheitern im Zaum halten?

Mehr Mut

In vergleichenden internationalen Studien (Global Entrepreneurship Monitor, GEM) werden Deutschland regelmäßig von Experten eine besonders gute Förderinfrastruktur und objektiv sehr gute Gründungsvoraussetzungen bescheinigt. Zugleich haben hierzulande mehr Menschen Angst vor dem Scheitern als in anderen Ländern. Allerdings zeigt sich in den letzten Jahren deutlich, dass die Berührungsängste mit der Selbständigkeit abnehmen und die Deutschen mehr Mut fassen. Dies liegt sicherlich an der großen Aufmerksamkeit, die das Thema Existenzgründung während der letzten Jahre in der Öffentlichkeit genossen hat.

So bekommen Sie Ihre Ängste in den Griff

Uns geht es an dieser Stelle aber nicht um allgemeine und langfristige Entwicklungen, sondern um Ihre ganz konkreten Sorgen und Zweifel, die Sie vielleicht noch davon abhalten, sich für die Selbständigkeit zu entscheiden. Der erste Schritt, den Sie tun sollten: Notieren Sie all die Ängste und Hindernisse, die Ihnen beim Nachdenken über die Selbständigkeit in den Kopf kommen, und bannen Sie sie auf Papier.

Nehmen Sie sich auch die Zeit, all die positiven Faktoren aufzuschreiben, also die Gründe und Hoffnungen, die Sie dazu gebracht haben, über eine Gründung nachzudenken. Wahrscheinlich ergibt sich dabei eine ähnlich lange Liste wie bei den Sorgen und Ängsten. Behalten Sie gut in Erinnerung, was Ihrem Empfinden nach für die Selbständigkeit spricht, und erinnern Sie sich daran, wenn Sie im Verlauf Ihrer Selbständigkeit einmal Selbstzweifel befallen. Sie werden sich sofort wieder sicherer fühlen.

Liste der Argumente

Risikoanalyse und -management

In jedem Fall sollten Sie sich Ihre Sorgen und Zweifel genauer anschauen. Aber nicht, um sich von ihnen auffressen zu lassen, sondern nehmen Sie die Position eines neutralen Dritten ein. Bewerten Sie dann die Risiken ganz objektiv und überlegen Sie sich Maßnahmen, mit denen Sie die befürchteten Ereignisse verhindern oder deren Folgen möglichst wirkungsvoll begrenzen können. Hier einige Beispiele:

Maßnahmen

- Sie befürchten, dass Sie für Ihre Familie zu wenig Zeit haben werden, die Harmonie gefährden, und das in einer Zeit, in der Sie auf deren Unterstützung besonders angewiesen sind? – Beziehen Sie Ihre Familie von Anfang

45

an bei der Entscheidung über die Selbständigkeit ein und nehmen Sie deren Sorgen und Befürchtungen ernst. Suchen Sie nach Lösungen, indem Sie beispielsweise feste Arbeitszeiten vereinbaren, zum Beispiel keine Arbeit nach 20 Uhr oder am Wochenende, von denen Sie nur in Ausnahmefällen abweichen. Versprechen Sie aber nicht zu viel, sondern gewinnen Sie Ihre Angehörigen dafür, auch temporäre Einschränkungen mitzutragen.

- Sie haben Angst, den Überblick über Ihre Finanzen zu verlieren und keine ausreichenden Rücklagen für Steuern, Versicherungen und Altersvorsorge bilden zu können? – Eröffnen Sie gleich zu Beginn Ihrer Selbständigkeit ein getrenntes Geschäftskonto und überweisen Sie ein festes „Gehalt" auf Ihr Privatkonto. So wird die Liquiditätsentwicklung Ihrer Firma transparent und Sie kontrollieren gleichzeitig Ihr privates Ausgabeverhalten. Berechnen Sie die ungefähre Höhe der Steuern und Sozialversicherungen und überweisen Sie einen entsprechenden Prozentsatz Ihrer Einkünfte auf ein Tagesgeldkonto. Oder melden Sie dem Finanzamt und der Krankenversicherung den erwarteten Gewinn zeitnah, sodass die Vorauszahlungen so festgesetzt werden, dass keine hohen Nachzahlungen anfallen.

- Gönnen Sie sich einen Coach, der Sie einige Stunden pro Monat auf dem Weg durch die ersten Jahre der Selbständigkeit begleitet. In den ersten ein bis zwei Jahren kann eine solche Beratung mit bis zu 90 Prozent gefördert werden (→ 16. Wie bekomme ich vor oder nach der Gründung geförderte Beratung?).

Rationale Auseinandersetzung

Sicherlich finden Sie – auch mithilfe dieses Buches – Antworten, wenn es um Ihre ganz persönlichen Ängste und Zweifel geht. Diese auszusprechen und sich rational mit ihnen auseinanderzusetzen ist der beste Weg, Ängsten ihren Schrecken zu nehmen.

> **GUT ZU WISSEN**
>
> **Benennen Sie die Risiken auch im Businessplan**
>
> Banken legen übrigens großen Wert darauf, dass Gründer in ihrem Business-plan die mit ihrem Vorhaben verbundenen Risiken klar benennen und Lösungen anführen. Die Auseinandersetzung mit eigenen Sorgen und Zweifeln sind also keine Schwäche, sondern sprechen dafür, dass Sie sich gründlich mit Ihrem Vorhaben auseinandergesetzt haben.

11. Wie kann ich eine 60-Stunden-Woche vermeiden und motiviert bleiben?

Sie haben es im vorletzten Abschnitt gelesen: Selbständige haben mehr Spaß an ihrer Tätigkeit als Angestellte, weil sie ihre Zeit selbst einteilen und sich ihre Aufgaben selbst stellen können. Leider bedeutet das allzu oft auch, dass Selbständige viel mehr als die üblichen 40 Wochenstunden arbeiten. Das liegt allerdings auch daran, dass sich besonders häufig solche Menschen selbständig machen, die schon als Angestellte überdurchschnittlich motiviert waren und entsprechend viel gearbeitet haben.

Lange Arbeits-zeiten

Lernen Sie zu delegieren

Problematisch wird es, wenn Sie zu viel arbeiten, weil Sie zu Kunden nicht Nein sagen können, möglichst viel selbst machen wollen und Ihre Mitarbeiter oder Dienstleister häufig auf Ihren Input und Ihre Entscheidungen warten müssen. Wenn Sie das ganze Unternehmen auf sich ausrichten, verspielen Sie Wachstumschancen. Ihre Mitarbeiter sind ständig in Warteposition und können ihre eigenen Ideen nicht realisieren. Das bedeutet: Sie bremsen Ihre

Mitarbeiter aus, verschwenden deren Energie und verlieren sie schlussendlich.

Gesundheit geht vor

Glauben Sie, dass der ganze Betrieb ohne Sie in kürzester Zeit zusammenbrechen würde? Dann fangen Sie sofort damit an, Ihr Unternehmen unabhängiger von sich zu machen und Ihre Arbeitszeit deutlich zu reduzieren. Wenn Sie weiter so viel arbeiten, kann es durchaus passieren, dass Sie eines Tages aus gesundheitlichen Gründen, zum Beispiel wegen eines Burnout-Syndroms, vom einen auf den anderen Tag für längere Zeit ausfallen. Da Ihr Unternehmen ohne Sie nicht funktioniert, kann das Ihre gesamte Existenz bedrohen. Natürlich könnten Sie auch einen Unfall haben oder von einer anderen Krankheit betroffen sein, der häufigste Grund für Berufsunfähigkeit sind jedoch psychische Erkrankungen.

Wie Sie Ihre Arbeitszeit verringern

Sofortmaßnahmen

Wenn Sie zu 150 Prozent ausgelastet sind, hat das ja zumindest ein Gutes: Offenbar haben Sie mehr als genug Aufträge, sodass Sie gar nicht alle abarbeiten können. Ist das so? Die folgenden Sofortmaßnahmen bringen schnell Erleichterung, wenn Sie sich trauen, sie konsequent im Arbeitsalltag anzuwenden.

- Tun Sie nur noch das, wofür Sie Geld bekommen. Wenn bereits alle Ihre Tätigkeiten „billable" sind, also in Rechnung zu stellen, dann konzentrieren Sie sich auf diejenigen, die am meisten Geld bringen. Lehnen Sie weniger rentable Aufträge ab, vergeben Sie sie an freie Mitarbeiter oder vermitteln Sie sie an Dritte.

- Aufträge zu gewinnen ist natürlich wichtig. Wenn Sie aber gerade völlig überlastet sind, kann die Akquise für kurze Zeit ruhen. Die beste Empfehlung ist sowieso häufig ein gut erledigter Auftrag. Oder Sie lassen die eigentliche Arbeit von freien Mitarbeitern machen. Sie beaufsichtigen diese dann und kümmern sich selbst nur noch um neue Aufträge.

- 20 Prozent der Kunden und Projekte bringen 80 Prozent des Gewinns (Pareto-Prinzip). Wenn Sie sich künftig ausschließlich auf die aussichtsreichsten Kunden konzentrieren, können Sie in einem Bruchteil der Zeit fast denselben Ertrag erwirtschaften. Das Pareto-Prinzip gilt jedenfalls für Anrufe, E-Mails und andere Aufgaben: Wir könnten einen Großteil unserer Arbeit einfach bleiben lassen – am Ergebnis würde sich danach kaum etwas ändern.

- Delegieren Sie alles, was Sie nicht unbedingt selbst machen müssen. Geben Sie Ihren Mitarbeitern klare Anweisungen, wie in Ihrer Abwesenheit zu verfahren ist, und verschaffen Sie ihnen vor allem den Spielraum, nötige Entscheidungen selbst zu treffen.

- Automatisieren Sie Arbeitsabläufe, wann immer es Ihnen möglich ist. Internetbasierte Dienste bieten dazu viele Ansätze.

- Schränken Sie Ihre Erreichbarkeit ein. Lesen Sie zum Beispiel Ihre E-Mails nur noch einmal pro Tag und erledigen Sie Ihre Anrufe konzentriert in ein bis zwei Stunden pro Tag.

Weniger Zeit für Unwichtiges

Der amerikanische Entrepreneur Timothy Ferriss hat ein Buch mit dem provokanten Titel „Die 4-Stunden-Woche" geschrieben. Er schlägt allen Ernstes vor, die mehr als 40 Stunden, die die meisten von uns arbeiten, um den Faktor

Gedanken-experiment

49

zehn zu reduzieren. Das ist kurzfristig sicher nicht möglich, aber doch ein sehr nützliches Gedankenexperiment. Wer beliebig viel Zeit hat, hat auch Zeit für Unwichtiges und für Dinge, die man eigentlich delegieren könnte. Und weil es zudem oft Überwindung kostet, wichtige Dinge anzupacken, schiebt man sie vor sich her, weil man ja so viel (Unwichtiges) zu tun hat.

Übergabe Führen Sie Ihren Betrieb so, dass er nach und nach immer unabhängiger von Ihrem persönlichen Zeiteinsatz wird. Natürlich müssen Sie erst einmal den eigenen Betrieb aufbauen, bevor Sie dazu übergehen können. Behalten Sie aber immer im Kopf, dass jederzeit die Übergabe an eine andere Person nötig werden könnte, wenn Sie einmal ausfallen. Mit dieser Denkhaltung werden Sie Abläufe anders organisieren und Ihr Unternehmen so aufstellen, dass es auch ohne Sie funktionsfähig ist.

- Wenn Sie keinen Stellvertreter haben, suchen Sie bewusst jemanden aus und bauen Sie diese Person zu einem potenziellen Nachfolger auf. Mindestens für Urlaubszeiten und Krankheitsfälle sollten Sie jemanden finden.

- Hinterlegen Sie bei einer Person Ihres Vertrauens für Notfälle wichtige Informationen, konkrete Anweisungen und Passwörter.

- Fahren Sie einmal ohne Ihren Laptop und Ihr Handy in den Urlaub.

- Verlängern Sie nach und nach die Dauer Ihrer Urlaube und gewöhnen Sie Ihre (freien) Mitarbeiter an längere Abwesenheiten.

- Werden Sie sich klar über Ihre langfristigen Ziele bezüglich Arbeitszeit, Urlaub und Lebensqualität und setzen Sie sie konsequent um!

12. Bin ich ein Unternehmertyp?

Eine Gründung ist nicht nur eine betriebswirtschaftliche, sondern auch eine persönliche Herausforderung. Daher ist es wichtig, dass Sie sich über Ihre Motive, Stärken und Schwächen klar werden. Je detaillierter und fundierter Ihre Selbstanalyse ausfällt, desto verlässlicher sind die darauf aufbauenden Entscheidungen.

Selbstanalyse

Über sich selbst als Person nachzudenken ist aus mehreren Gründen wichtig. Einer davon ist, dass Sie bei der Beantragung des Gründungszuschusses Ihre „Kenntnisse und Fähigkeiten zur Ausübung der selbständigen Tätigkeit" darlegen müssen (→ 14. Habe ich Anspruch auf Gründungszuschuss?). Nehmen Sie sich daher ausreichend Zeit, um in sich hineinzuhorchen, und machen Sie eine ausführliche und ehrliche Bestandsaufnahme. Fragen Sie sich: Kenne ich meine Stärken und Schwächen? Welche sind meine Stärken, von denen ich als angehender Unternehmer besonders profitieren kann? Woran sollte ich arbeiten? Sie können sich nur dann voller Energie Ihrem Vorhaben widmen, wenn Sie genau wissen, was Sie erreichen wollen, was Sie antreibt und motiviert. Ebenso sollte Ihnen klar sein, was Sie bremst und vom Erfolg abhält. Im Folgenden erläutern wir Fähigkeiten und Voraussetzungen, die Ihnen als Gründer nützlich sein können.

Branchenspezifische Berufserfahrung und verwertbare Kontakte

Sie haben einen großen Vorteil, wenn Sie über langjährige Berufserfahrung verfügen, die sich in Ihrem neuen Unternehmen verwerten lässt. Wie viele Jahre haben Sie bereits gearbeitet? Welche Erfahrungen können Ihnen bei Ihrem Vorhaben nützlich sein? Auch die Kontakte mit Kunden,

Wertvolle Kontakte

Lieferanten, Wissensträgern und anderen Multiplikatoren, die Sie während Ihrer beruflichen Laufbahn geknüpft haben, kommen Ihnen zugute. Viele Gründer, die nicht über Berufserfahrung in der von ihnen gewählten Branche verfügen, holen hier schnell durch Begeisterung für ihre künftige Tätigkeit auf.

Funktionsspezifische Berufserfahrung

Wenn Sie allein gründen, müssen Sie viele Funktionen übernehmen: die des Marketing- und Vertriebs-, des kaufmännischen und IT-Leiters. In welchen Bereichen verfügen Sie über Erfahrung? Haben Sie eine kaufmännische Ausbildung und wissen Sie, wie eine Ablage zu organisieren ist? Kennen Sie sich mit Buchhaltung, Mahnwesen und Kostenrechnung aus? Diese Aspekte sind weniger wichtig, wenn Sie von Anfang an freie oder feste Mitarbeiter einstellen, welche die Tätigkeiten in diesen Bereichen übernehmen.

Motivation von innen

Kern-
merkmal

Eine hohe Eigenmotivation ist ein Kernmerkmal der unternehmerischen Persönlichkeit. Wenn Sie sich nicht selbst motivieren können, wer soll es dann tun? Wer gründet, muss sich immer wieder neuen Herausforderungen stellen. Dazu ist eine gehörige Portion Selbstdisziplin notwendig. Leistungsmotiviert sind Sie, wenn es die Aufgabe selbst ist, die Sie reizt, und nicht allein die Belohnung oder Anerkennung.

Risikobereitschaft

Viele neue Situationen und Aufgaben kommen auf Sie zu. Sie übernehmen Verantwortung für Ihr Produkt/Ihre

Dienstleistung, den Umsatz, Ihre Mitarbeiter und Lieferanten. Essenziell ist, dass Sie in der Lage sind, trotz Risiken Entscheidungen zu treffen. Unsicherheit und zögerli-
ches Entscheiden lähmen den Geschäftsbetrieb. Sie sollten
bereit sein, kalkulierbare Risiken einzugehen. Dazu zählen
die, bei denen die Eintrittswahrscheinlichkeit und der Erfolg in einem günstigen Verhältnis stehen.

Emotionale Stabilität

In Zukunft werden Sie als ausgesprochenes Multitalent   Multitalent
gefordert sein, zum Beispiel wenn Sie mit Banken verhan-
deln, Ihr Produkt bewerben, Kunden überzeugen. Kurz:
Gefragt sind viel Zeit, Geld und Nerven. Wichtig ist, dass
Sie bereit sind, Stress auf sich zu nehmen, Zeit und Arbeit
zu investieren, um Ihr Unternehmen aufzubauen und zum
Erfolg zu führen.

Bestimmte Themenfelder erweisen sich für junge Unternehmer immer wieder als problematisch. Fehler und Kri-
sen sind unvermeidlich, denn jeder muss erst einmal Erfahrung sammeln. Hier sind Durchsetzungsvermögen und
emotionale Stabilität gefragt, damit Sie auch Unsicherhei-
ten überwinden.

Familie und privates Umfeld

Ihr persönliches und familiäres Umfeld spielt eine wichtige   Stressige
Rolle, wenn es um Ihren unternehmerischen Erfolg geht.   Zeit
Möglicherweise haben Sie kleine Kinder, die Sie betreuen,
oder pflegebedürftige Eltern oder Verwandte. Gerade in
der ersten Zeit werden Sie zeitlich sehr beansprucht sein,
auch an Wochenenden, Feiertagen und vielleicht sogar im
Urlaub. Stellen Sie sich auf eine stressige Zeit ein, in der

53

Sie Freizeit und Privatleben opfern müssen. Überlegen Sie genau, wie Sie alles unter einen Hut bekommen.

Emotionale Stabilität Studien haben gezeigt, dass insbesondere Gründer, die in einer festen Beziehung leben, deutlich bessere Erfolgschancen haben. Einerseits trägt dies zur emotionalen Stabilität bei, andererseits kann ein Partner mit festem Einkommen finanzielle Sicherheit geben oder im Familienunternehmen mit anpacken. Das sorgt für echten Rückhalt. Allerdings kann die Selbständigkeit auch eine große Belastungsprobe für die Partnerschaft sein. Es sind Fälle bekannt, in denen Familien auseinandergebrochen sind, weil beispielsweise der Partner kein Verständnis dafür hatte, dass der Gründer so viel Zeit für sein Geschäft aufbringen musste.

TIPP: GEMEINSAME PLANUNG HILFT

Besprechen Sie mit Ihrem Partner, welche Hoffnungen und Ängste Sie mit der Gründung verbinden. Nehmen Sie aber auch seine Erwartungen und Befürchtungen ernst. Vereinbaren Sie Spielregeln, damit Sie Unterstützung erhalten können, ohne Ihre Beziehung zu sehr zu strapazieren.

---

13. Ich bin kein Verkäufer, wie verkaufe ich trotzdem?

Wenige Selbständige fühlen sich als geborene Verkäufer, die meisten haben eine sehr ambivalente Einstellung zum Verkaufen. „Ich will kein Verkäufer sein", sagt so mancher Existenzgründer und denkt dabei an die Methoden der Hardseller, die erst lockerlassen, wenn sie den Abschluss in der Tasche haben.

Persönlicher Stil Ohne etwas zu verkaufen, kann man allerdings kein Unternehmen aufbauen. Verkaufen ist das A und O jedes Geschäfts. Selbst wenn Sie Ihre Dienstleistung über das Internet anbieten, kommen Sie früher oder später an den Punkt, an dem Sie Verkaufsgespräche und Verhandlungen führen müssen. Machen Sie sich klar, dass Sie dabei keine aggressiven Verkaufstechniken anwenden müssen. Verabschieden Sie sich von der Vorstellung des Verkäufers als „Aufquatscher", der dem Kunden alles verkauft – ganz gleich, ob dieser das Produkt oder die Leistung braucht oder nicht. Entscheiden Sie sich ganz bewusst für eine andere Methode und finden Sie Ihren ganz persönlichen Verkaufsstil.

Mit den Kunden auf Augenhöhe

Machen Sie sich klar, dass Sie weder Ihre Kunden manipulieren noch großartig im Verkaufsgespräch taktieren müssen. Sie wollen den Kunden nicht über den Tisch ziehen, sondern sich mit ihm partnerschaftlich auf Augenhöhe unterhalten. Sie nehmen den Kunden ernst, widmen ihm Ihre Zeit und volle Aufmerksamkeit. Unser Tipp: Verstehen Sie sich selbst nicht als Verkäufer, sondern als Berater. Lassen Sie im Kundengespräch Vertrauen entstehen, geben Sie dem Kunden Rat und helfen Sie ihm, die richtigen Entscheidungen zu treffen. Der Kunde, der sich gut beraten fühlt und zufrieden ist, neigt in der Regel nicht zu harten Preisverhandlungen. Bringt ihm Ihr Produkt erheblichen Nutzen, so ist er bereit, einen angemessenen Preis zu bezahlen – auch weil er Sie als freundlichen, kompetenten und unaufdringlichen Berater mit einkaufen möchte.

Funktion als Berater

Der Schlüssel: fragen und zuhören

Als Berater Ihres Kunden spielen für Sie Fragen eine zentrale Rolle. Nicht umsonst heißt die anerkannte Verkaufsregel „Wer fragt, der führt". Stellen Sie so viele Fragen wie

55

möglich. Nur so erfahren Sie, was für den Kunden wirklich wichtig ist und welche Wünsche und Bedürfnisse er hat.

Kundenwunsch

Vor allem aber gilt: Nehmen Sie sich die Zeit zuzuhören und lassen Sie den Kunden ausreden. Lassen Sie auch Gesprächspausen zu, denn oft besinnt sich der Kunde dann gerade und gibt Ihnen danach besonders wichtige Hinweise auf seine Bedürfnisse oder Zweifel. Was simpel klingt, ist für manche Unternehmer fast unmöglich, schließlich möchten sie ihre Produkte bekannt machen. Doch es ermüdet den Kunden, wenn Sie andauernd über Ihr Produkt sprechen. Hören Sie besser genau hin, was der Kunde braucht, denn nur so lässt sich das Passende für ihn finden – oder Sie passen Ihre Leistung dem Kundenwunsch an.

Viele Informationen dank offener Fragen

W-Fragen

Wenn Sie geschlossene Fragen stellen, zum Beispiel „Gefällt Ihnen dieses Angebot?", wird die Antwort entsprechend knapp ausfallen: Der Kunde wird nur mit Ja oder Nein antworten. Offene Fragen, auch W-Fragen genannt, bringen Ihnen dagegen ausführlichere Informationen. Sie fangen meist mit Fragewörtern wie „Wie", „Was", „Welche" an: „Wie kann ich Ihnen weiterhelfen?", „Was bereitet Ihnen Probleme?", „Welches Budget planen Sie ein?".

TIPP: BLEIBEN SIE GEDULDIG

Legen Sie nach jeder Frage eine Pause ein, damit Ihr Gesprächspartner in Ruhe nachdenken und antworten kann. Lassen Sie sich nicht dazu hinreißen, nach Ihrer eigentlichen Frage noch eine Erklärung nachzuschieben – auch nicht, wenn Ihr Gegenüber sich mit seiner Antwort Zeit lässt. Wenn Sie Ihre Frage gestellt haben, warten Sie geduldig ab. Hören Sie dann aufmerksam zu und fragen Sie gegebenenfalls noch einmal nach, ob Sie alles richtig verstanden haben.

Einwände sind versteckte Kundenwünsche

Deuten Sie Einwände nicht als Aus für einen Abschluss, sondern betrachten Sie sie als Chance. Vertiefen Sie also das Gespräch mit dem Kunden und versuchen Sie, seine Bedürfnisse besser zu erkennen. Es gibt kaum ein Verkaufsgespräch ohne Einwände. Ihr Ziel ist es, den versteckten Wunsch dahinter zu erkennen. Dazu müssen Sie manchmal kreativ sein und auch einmal um die Ecke denken. Mit Einwänden reagiert der Kunde emotional auf das, was Sie sagen. Sie sollten daher in keinem Fall übergangen werden. Bemühen Sie sich immer, gemeinsam mit dem Kunden eine Lösung zu finden.

Um die Ecke denken

> **BEISPIEL: SO REAGIEREN SIE AUF EINWÄNDE**
>
> Kunde: „Der Preis ist zu hoch." Mögliche Reaktionen:
> - Erläutern Sie den Preis in seinen einzelnen Bestandteilen.
> - Erläutern Sie ihn anhand von Vergleichsprodukten.
> - Fragen Sie nach, worauf der Kunde bei diesem Produkt/dieser Dienstleistung verzichten könnte.

Fordern Sie angemessene Preise

Sobald der Kunde ein Angebot will, kommen bei vielen Existenzgründern und jungen Unternehmern Zweifel auf: Sie haben Hemmungen, angemessene Preise zu verlangen. Dieses Problem haben vor allem Dienstleister. Sie verkaufen ihre persönliche Zeit und müssen dem Kunden gegenüber begründen, warum sie den Preis dafür so hoch ansetzen. Händler haben es da einfacher, weil sie sich an ihren Einkaufspreisen orientieren können. Doch wer zu wenig verlangt, kann nicht kostendeckend arbeiten. Vom Gewinn ganz zu schweigen. Fazit: Diese Unternehmen überstehen oftmals die ersten drei Jahre nicht.

Preisgestaltung

Hinterfragen Sie also ganz bewusst Ihre Preisgestaltung. Rechnen Sie einmal hoch: Können Sie mit Ihren Einnahmen Ihre Betriebs- und Lebenshaltungskosten decken, wenn Sie die geplante Auslastung erreicht haben? Arbeiten Sie zu Beginn (zum Beispiel für die ersten fünf geleisteten Stunden) ruhig mit einem Einführungspreis, damit sich der Kunde von der Qualität Ihrer Leistungen überzeugen kann. Machen Sie aber deutlich, wo Ihr normaler Satz liegt und dass dieser für alle Folgeaufträge gilt.

Nutzen für den Kunden

Sie haben nichts zu verschenken, sondern verkaufen eine Leistung, die dem Kunden einen Nutzen bringt. Wenn Sie gegenüber Ihren Konkurrenten ein echtes USP zu bieten haben, können Sie auch mehr als Ihre Konkurrenz berechnen. Wichtig ist, dass Sie Kunden finden, die zu Ihnen und Ihrem Angebot passen. Wer nämlich das Produkt oder die Dienstleistung zu schätzen weiß, wird auch bereit sein, den veranschlagten Preis dafür zu bezahlen.

KAPITEL 2

Wie komme ich an Geld für die Gründung und wie viel brauche ich?

Gründer werden in Deutschland auf vielfältige Art gefördert. Gründungszuschuss und Einstiegsgeld helfen dabei, den Lebensunterhalt in der Anfangszeit zu decken, geförderte Beratung verhilft zu erstklassigem Coaching, das sie sich sonst nicht leisten würden. Und wenn Gründer mehr Geld benötigen, kommen Mikrokredite und geförderte Bankdarlehen ins Spiel.

14. Habe ich Anspruch auf Gründungszuschuss?

Der Gründungszuschuss ist mit Abstand die wichtigste Gründungsförderung in Deutschland. Bis zu 18.000 Euro beträgt die Förderung. Wie viel Sie bekommen, hängt von der Höhe Ihres Anspruchs auf Arbeitslosengeld I (ALG I) ab, also vom vorherigen Einkommen, von Ihrer Steuerklasse und davon, ob Sie Kinder haben. Der Gründungszuschuss ist steuerfrei und Sie müssen ihn auch nicht zurückzahlen.

Voraussetzung für die Bewilligung

Wenn Sie, zum Beispiel aufgrund eines Anstellungsverhältnisses, innerhalb der letzten zwei Jahre mindestens

Reform zum
1.11.2011

zwölf Monate in die Arbeitslosenversicherung eingezahlt haben, verfügen Sie über einen Anspruch auf ALG I. Und der wiederum ist die wichtigste Voraussetzung dafür, dass Sie überhaupt Gründungszuschuss erhalten. Beachten Sie aber, dass durch die Reform des Gründungszuschusses für Gründungen nach dem 1.11.2011 die Zugangsbedingungen erschwert wurden und sich die Dauer der Grundförderung reduziert hat (siehe hierzu die Angaben in der folgenden Tabelle).

Höhe der Förderung Die Höhe des Gründungszuschusses können Sie im Internet unter www.gruendungszuschuss.de/hoehe selbst berechnen. Dort finden Sie auch einen Link zur Selbstberechnung des ALG-I-Anspruchs. Zum Zeitpunkt der Gründung (diesen bestimmen Sie weitgehend selbst durch entsprechende Angabe bei der Gewerbe- oder steuerlichen Anmeldung) müssen Sie den Antrag auf Gründungszuschuss abgeholt haben, mindestens einen Tag arbeitslos gewesen sein und noch mindestens 150 Tage (bis 31.10.2011 90 Tage) Restanspruch auf ALG I haben.

Gründungszuschuss vor und nach der Reform	Bis 31.10.2011	Nach dem 01.11.2011
Grundförderung (ALG I + 300 Euro/Monat)	9 Monate	6 Monate
Aufbauförderung (300 Euro/Monat)	6 Monate	9 Monate
Restanspruch auf ALG I bei Gründung	90 Tage (3 Monate)	150 Tage (5 Monate)
Rechtsanspruch	Muss-Leistung	Kann-Leistung (abhängig vom verfügbaren Budget)

Bitte beachten Sie: Wenn Sie zuvor selbst ohne wichtigen Grund gekündigt oder einen Aufhebungsvertrag geschlossen haben, besteht für Sie eine dreimonatige Sperrzeit: In den ersten drei Monaten erhalten Sie dann kein ALG I und die Dauer Ihres ALG-I-Restanspruchs verringert sich um die entsprechende Zeit. Wenn Sie es eilig haben, können Sie unter Umständen trotzdem bereits während der Sperrzeit gründen.

Sperrzeit

Keine Sperrzeit erhalten Sie, wenn wichtige Gründe für eine Eigenkündigung vorliegen, zum Beispiel gesundheitliche Aspekte im Fall von Mobbing oder das Um-/Nachziehen zum Ehepartner in eine andere Stadt.

Der Gründungszuschuss wird (nach dem 1.11.2011)

- sechs Monate als Grundförderung gezahlt (in Höhe des ALG-I-Anspruchs zuzüglich 300 Euro Pauschale als Beitrag zur Sozialversicherung) und

- kann dann noch einmal um neun Monate Aufbauförderung (nur noch Pauschale von 300 Euro monatlich) verlängert werden.

Während Sie die Grundförderung erhalten, wird der Gründungszuschuss mit dem Restanspruch auf ALG I verrechnet. Beispiel: Sie haben insgesamt zwölf Monate Anspruch auf ALG I, Sie gründen nach einem Monat und beziehen dann sechs Monate die Grundförderung. Es verbleiben fünf Monate Restanspruch auf ALG I. Falls Sie die Selbständigkeit innerhalb von vier Jahren nach Beginn der Arbeitslosigkeit beenden, können Sie diesen Restanspruch aufbrauchen. Einen neuen beziehungsweise längeren Anspruch auf ALG I können Sie aufbauen, indem Sie freiwillig in die „Arbeitslosenversicherung für Selbständige" einzahlen (→ 38. Welche zusätzlichen Versicherungen sollte ich unbedingt abschließen?).

Restanspruch

61

TIPP: INFORMIEREN SIE SICH AKTUELL

Durch die Reform des Gründungszuschusses können sich weitere Änderungen bei der Vergabe ergeben. Unter www.gruendungszuschuss.de finden Sie aktuelle Informationen, Tipps und Beratungsangebote.

Das brauchen Sie für Ihren Antrag

Um Gründungszuschuss zu beantragen, benötigen Sie

- die vor der Gründung abzuholenden Antragsunterlagen,
- die Gewerbeanmeldung beziehungsweise als Freiberufler die Steueranmeldung,
- einen Businessplan,
- eine fachkundige Stellungnahme, die die Tragfähigkeit des Businessplans befürwortet.

Sorgfältige Prüfung

Fachkundige Stellungnahmen können erstellt werden von Unternehmensberatern, Steuerberatern, Kammern und sogar Banken. Es empfiehlt sich, frühzeitig einen erfahrenen Existenzgründungsberater auszuwählen, mit dem Sie die Geschäftsidee besprechen und Fragen klären können, die beim Schreiben des Businessplans entstehen. Tipp: Wählen Sie einen Berater, der bei den Arbeitsagenturen dafür bekannt ist, dass er die vorgelegten Pläne sorgfältig prüft. Das ist auch in Ihrem Interesse, denn Sie erhalten kritisches Feedback und können teure Anfängerfehler und Fallstricke vermeiden.

Formfehler

Eine gründliche Prüfung durch die fachkundige Stelle ist aus einem weiteren Grund wichtig. Selbst wenn die oben genannten Voraussetzungen vorliegen, lehnen Arbeitsagenturen immer häufiger Anträge auf Gründungszuschuss wegen Formfehlern ab.

15. Habe ich Anspruch auf Einstiegsgeld?

Sollten Sie keinen ALG-I-Anspruch (mehr) haben, kommt für Sie nur noch eine Förderung mit Einstiegsgeld infrage. Voraussetzung ist der Anspruch auf Arbeitslosengeld II (ALG II).

Wenn Sie sich selbständig machen, kann der Fallmanager Ihnen das Einstiegsgeld zusätzlich zu den regulären Leistungen im Rahmen des ALG II bewilligen. Als Einstiegsgeld werden 50 Prozent der Regelleistung gezahlt, weitere zehn Prozent kommen für jedes zusätzliche Mitglied Ihrer Bedarfsgemeinschaft hinzu. Es geht also um 182 Euro (50 Prozent des Regelsatzes), ergänzend zum monatlichen Regelsatz von 364 Euro. Das Einstiegsgeld wird zunächst meistens für sechs Monate bewilligt und kann maximal 24 Monate gezahlt werden, was allerdings die Ausnahme ist. Ein Rechtsanspruch besteht nicht.

Höhe und Dauer

TIPP: HOHER EINSATZ ZAHLT SICH AUS

Ob und wie lange Sie tatsächlich Einstiegsgeld erhalten, entscheidet Ihr Betreuer nach „pflichtgemäßem Ermessen". Daher empfiehlt es sich, die Tragfähigkeit und die Erfolgsaussichten Ihres Vorhabens bei der Antragstellung möglichst genau darzulegen.

Anspruch auf Arbeitslosengeld II

Falls Sie das ALG II nicht bereits beziehen, klären Sie zunächst, ob überhaupt ein Anspruch darauf besteht. Dazu müssen Sie zwischen 15 und 65 Jahre alt und erwerbsfähig sein. Außerdem müssen Sie hilfebedürftig sein, also den eigenen Lebensunterhalt und den Ihrer Familie nicht ausreichend decken können. Beachten Sie: Bei der Prüfung

Hilfebedürftigkeit

63

der Hilfebedürftigkeit werden das gesamte Einkommen und Vermögen aller Mitglieder der Bedarfsgemeinschaft berücksichtigt.

TIPP: BEACHTEN SIE VERDIENST- UND VERMÖGENSGRENZEN

Denken Sie daran, dass bestimmte Verdienst- und Vermögensgrenzen nicht überschritten werden dürfen, damit überhaupt Anspruch auf Arbeitslosengeld II besteht. Die Berechnung ist recht kompliziert. Eine ausführliche Darstellung finden Sie im Merkblatt „Arbeitslosengeld II/Sozialgeld" der Bundesagentur für Arbeit.

Wichtigste Vor- und Nachteile des Einstiegsgelds

Vorteil des Einstiegsgelds: Es wird zum ALG II hinzugezahlt. Das Einstiegsgeld soll ein zusätzlicher Anreiz und finanzielle Hilfe zur „Eingliederung in den allgemeinen Arbeitsmarkt" sein. Mit dem Einstiegsgeld kann auch die Aufnahme einer nichtselbständigen Tätigkeit gefördert werden, allerdings soll es vorrangig um Gründungsförderung gehen: 70 bis 80 Prozent der Geförderten wählen die Selbständigkeit.

Hinzu-verdienst

Wichtigster Nachteil des Einstiegsgelds: Der Hinzuverdienst wird zu einem großen Teil mit dem ALG II verrechnet. Trotzdem gilt, dass das Einstiegsgeld die Chance bietet, sich schrittweise mehr Selbstbestimmung zu erarbeiten und sich vom ALG II unabhängig zu machen.

Wie Sie das Einstiegsgeld richtig beantragen

Wichtig ist, dass Sie die richtige Reihenfolge beachten: Sie müssen das Einstiegsgeld beantragen, bevor Sie ein Gewerbe anmelden oder dem Finanzamt die Aufnahme einer freiberuflichen Tätigkeit mitteilen. Den Antrag stellen Sie bei dem Leistungsträger (ARGE, Agentur für Arbeit), also bei der Stelle, über die Sie Ihr ALG II beziehen.

Es lohnt sich, gut vorbereitet in das Beantragungsgespräch mit Ihrem Fallmanager zu gehen: Bereiten Sie sich vor

- Arbeiten Sie einen Businessplan aus, der alle wichtigen Informationen über Ihr Gründungsvorhaben enthält (→ 25. Aus welchen Teilen besteht ein Businessplan?).

- Lassen Sie die Tragfähigkeit Ihres Vorhabens von einer fachkundigen Stelle beurteilen. Das ist zwar nicht vorgeschrieben, doch erhöhen sich damit Ihre Chancen, das Einstiegsgeld bewilligt zu bekommen.

Im Gespräch kommt es dann darauf an, dass Sie Ihren Fallmanager von Ihrer Gründungsidee überzeugen können.

16. Wie bekomme ich vor oder nach der Gründung geförderte Beratung?

Gründer und Selbständige, die sich beraten lassen, sind deutlich erfolgreicher. Deshalb beteiligt sich der Staat an den Kosten für Unternehmensberatung vor und nach der Gründung.

Gründercoaching Deutschland (GCD)

Wenn Ihnen der Gründungszuschuss gewährt wird oder Sie sich aus dem ALG-II-Bezug heraus selbständig machen, steht Ihnen nach dem Start in die Selbständigkeit die besonders großzügige 90-Prozent-Förderung im Rahmen des Gründercoachings Deutschland offen. Sie können bis zu 40 Stunden Beratung im Wert von 4.000 Euro in An- 90-Prozent-Förderung spruch nehmen. Ihr Eigenanteil beträgt dabei nur zehn Prozent. Wenn Sie die Förderung voll ausschöpfen, sind das insgesamt 400 Euro, Sie zahlen also nur zehn Euro pro Beratungsstunde.

Die 90-Prozent-Förderung müssen Sie innerhalb von zwölf Monaten nach der Gründung beantragen. Wenn Sie über diesen Zeitraum hinaus hauptberuflich selbständig sind, können Sie zwar immer noch Gründercoaching Deutschland in Anspruch nehmen, allerdings werden dann „nur" noch 50 Prozent übernommen. Diesen Zuschuss können Sie auch dann erhalten, wenn Sie im ersten Jahr erfolgreich die 90-Prozent-Förderung beantragt haben.

Ausnahmen Wichtig zu wissen: Gründercoaching Deutschland steht Ihnen nicht offen, wenn Sie einem wirtschaftsberatenden Beruf (Unternehmensberater, Steuerberater oder Wirtschaftsprüfer) nachgehen. Außerdem darf Ihr Unternehmen kein Sanierungsfall sein und sich nicht in finanziellen Schwierigkeiten befinden. Übrigens werden sowohl Gewerbetreibende als auch Freiberufler mit gefördert.

TIPP: KOSTENLOSER RÜCKRUFSERVICE

Für Gründer, die an einer geförderten Beratung interessiert sind, bieten wir einen kostenlosen Rückrufservice unter www.gruendungszuschuss.de/rueckruf an. Wir sagen Ihnen, welche Förderprogramme vor und nach der Gründung die für Sie günstigsten sind. Außerdem besprechen wir mit Ihnen, welche Inhalte und welcher Beratungsumfang für Sie sinnvoll sind, und empfehlen von uns geprüfte Berater in Ihrer Nähe.

Nur so lange der Vorrat reicht

Bei den Beratungsförderungen handelt es sich grundsätzlich um Kann-Leistungen, auf die kein Rechtsanspruch besteht. Die Förderung erfolgt nur im Rahmen der hierfür eingeplanten Mittel. Wenn Sie Ihren Antrag erst gegen Jahresende stellen, ist der Fördertopf möglicherweise schon leer. Bedenken Sie auch, dass von der Antragstellung bis zur Bewilligung meist mehrere Wochen vergehen und die Beratung teilweise erst beginnen darf, wenn die Förderung genehmigt wurde. Stellen Sie Ihren Antrag also frühzeitig! Liegt die Bewilligung erst einmal vor, ist Ihnen der Zuschuss sicher. Beim Gründercoaching Deutschland haben Sie dann fast zwölf Monate Zeit, um die Beratung in Anspruch zu nehmen. Andere geförderte Beratungen müssen in dem Kalenderjahr abgeschlossen werden, in dem sie bewilligt wurden.

Andere Nachgründungsförderungen

Auch wenn Ihr Unternehmen mindestens ein Jahr am Markt ist, Sie aber nur nebenberuflich selbständig sind, ist eine Beratungsförderung in Höhe von 50 Prozent möglich, nämlich mit der sogenannten Bafa-Förderung. Bafa ist die Abkürzung für Bundesamt für Wirtschaft und Ausfuhrkontrolle, das die Förderung im Auftrag des Bundeswirtschaftsministeriums vergibt. Die Modalitäten sind anders als beim Gründercoaching Deutschland: Vor allem wird hier erst nachträglich gezahlt, Sie müssen also für die Beratung zunächst selbst aufkommen. Die Förderung können Sie erst beantragen, wenn die Beratung abgeschlossen ist.

Bafa-Förderung

Geförderte Beratung schon vor der Gründung

Viele Bundesländer unterstützen Gründer, die sich schon vor der Gründung beraten lassen wollen. Sie übernehmen typischerweise 50 bis 90 Prozent der Kosten, sofern Sie eine hauptberufliche Gründung planen (auch wenn Sie

Detaillierte Informationen

bereits nebenberuflich selbständig sind). Die genauen Bedingungen unterscheiden sich von Bundesland zu Bundesland, auch hierüber informieren wir Sie gerne detailliert im Rahmen unseres Rückrufangebots unter www.gruendungszuschuss.de/rueckruf.

17. Wie bekomme ich Geld von der Bank für meine Geschäftsidee?

Es heißt zu Recht, es sei einfacher, einen Kredit über 100.000 als einen über 5.000 oder 10.000 Euro zu erhalten. Für Banken lohnt sich die Kreditvergabe erst ab einem Vielfachen dieser eher kleinen Beträge, denn nur dann steht der Prüfaufwand für sie in einem vernünftigen Verhältnis zu den erwarteten Zinsüberschüssen.

Existenzgründer haben es besonders schwer, einen Bankkredit zu erhalten, denn sie verfügen über keine Historie, das heißt sie können der Bank keine Jahresabschlüsse und Bilanzen vorlegen. Dabei fehlen oft nur wenige tausend Euro, um von Anfang an professionell am Markt aufzutreten und somit deutlich schneller den Punkt zu erreichen, an dem man von dem Geschäft leben kann.

Zum Mikrofinanzinstitut statt zur Bank

Stufenkredit

Genau deshalb hat die Bundesregierung 2010 mit Geldern des Europäischen Sozialfonds (ESF) den Mikrokreditfonds Deutschland ins Leben gerufen. Hierüber können akkreditierte Mikrofinanzinstitute (MFI) Kleinkredite vergeben. Dabei handelt es sich um Stufenkredite: Im ersten Schritt kann ein Kredit bis zu 10.000 Euro aufgenommen werden, wobei der tatsächlich benötigte Betrag oft deutlich niedriger ist.

Wer zuverlässig zurückzahlt, kann im zweiten Schritt einen höheren, längerfristigen Kredit erhalten und sich
damit eine dauerhafte Finanzierungsquelle sichern. Außerdem erwirbt er eine Kredithistorie, die auch von Ge-
schäftsbanken positiv gesehen wird, wenn es später einmal
um mehr Geld gehen sollte. In der zweiten Stufe kann das
MFI bis zu 15.000 Euro, in der dritten Stufe bis zu 20.000
Euro verleihen.

**Kredit-
historie**

TIPP: INFORMIEREN SIE SICH IM INTERNET

Unter www.gruendungszuschuss.de/mikrokredit finden Sie weitere Informationen und Tipps zum Thema Mikrokredit.

Die Kredite sind in der Regel monatlich in gleichbleibenden Raten zu tilgen. Vereinbart werden je nach Betrag
Laufzeiten von bis zu drei Jahren. Bei der Vorfinanzierung
von Projekten sind für überschaubare Zeiträume auch end-
fällige Kredite möglich. Dabei muss der Kreditbetrag am
Ende des vereinbarten Zeitraums zurückgezahlt werden,
wenn das Projekt beendet und hoffentlich vom Kunden
bezahlt ist. Die Zinsen für den Kredit fallen in jedem Fall
monatlich an.

Der effektive Jahreszinssatz für die Kredite liegt einheitlich bei zurzeit 8,6 Prozent und soll in den nächsten Jahren auf zehn Prozent steigen. Der Zinssatz hat bei kleinen
Kreditbeträgen aber keine so große Bedeutung. Bei einem
Kredit von 2.400 Euro und einer Tilgung in zwölf Mo-
natsraten zum Beispiel liegt die Zinsbelastung bei durchschnittlich 9,44 Euro pro Monat. Ein um ein Prozent höherer Zinssatz würde die monatliche Zinsbelastung lediglich
um 1,11 Euro erhöhen.

**Effektiver
Jahres-
zinssatz**

Privatkredite sind keine Alternative

Private Konsumentenkredite werden oft mit deutlich niedrigeren Zinssätzen beworben. Allerdings richten sich diese Angebote fast ausschließlich an Angestellte mit festem Einkommen und die Zinssätze sind im Einzelfall deutlich höher als der „Ab"-Preis suggeriert. Sollten Sie trotz Selbständigkeit einen Privatkredit zu vertretbaren Konditionen erhalten, kann die Bank jederzeit den Kredit kündigen, wenn sie erfährt, dass Sie das Geld anders als vereinbart einsetzen. Zudem können Sie die Zinsen anders als bei einem geschäftlichen Kredit nicht steuerlich geltend machen.

Bürg-schaften

Mikrokredite werden vor allem von Beratungseinrichtungen vergeben. Sie kennen die Kunden ohnehin schon gut und können deren Zuverlässigkeit einschätzen, weil sie sie bei der Gründung begleitet haben. Anders als die meisten Banken sind die Berater bereit, einen Kredit auch ohne weitreichende Sicherheiten zu vergeben. Sie setzen dabei häufig auf Bürgschaften von Familienangehörigen und Bekannten des Kreditnehmers, die einen Teil des verliehenen Betrags absichern. Die Mikrofinanzinstitute haften gegenüber dem Mikrokreditfonds zu 100 Prozent für eventuelle Kreditausfälle. Wichtig ist es also, Ihren Gesprächspartner – der eventuell persönlich für Ihren Kredit haftet – zu überzeugen, dass Sie den Kredit zurückführen können und werden, selbst wenn Ihr Vorhaben scheitern sollte.

Wenn Sie mehr Geld benötigen …

Sie brauchen von Anfang an eine deutlich höhere Summe – 25.000 Euro und mehr? Dann kommen Sie an einer Bank kaum vorbei. Umgekehrt werden Sie aber auch für die Bank langsam als Firmenkunde interessant.

Schauen Sie sich die Kreditprogramme der Kreditanstalt für Wiederaufbau (KfW) und der Landesförderbanken an. Eine Liste der Förderbanken finden Sie im Internet unter www.gruendungszuschuss.de/landesfoerderbanken. Diese vergeben Kredite über die Hausbanken, also zum Beispiel über Sparkassen und Genossenschaftsbanken. Wird ein Kredit vergeben, erhält die Bank eine Bearbeitungsgebühr von der Förderbank, die zudem einen großen Teil des Ausfallrisikos (typischerweise 80 Prozent) übernimmt.

Solider Businessplan

Dennoch sind die Banken in der Regel nur bei besonders gut berechenbaren Geschäftsmodellen und substanziellen Sicherheiten bereit, die Finanzierung zu genehmigen. Sie müssen also mit einem sehr soliden, gut durchdachten Businessplan und auch im Bankgespräch als Unternehmer überzeugen. Lassen Sie sich beim Schreiben des Businessplans von einem erfahrenen Existenzgründungsberater begleiten, er kann sie auch für die Gespräche mit den Bankern coachen. Das erhöht Ihre Chancen erheblich.

Sie sind bereits länger als zwei Jahre erfolgreich selbständig? Dann können Sie auch versuchen, bei Internet-Kreditbörsen wie smava.de Geld von privaten Kreditgebern einzusammeln – und das im wörtlichen Sinn: Sie präsentieren sich und Ihren Kreditwunsch auf der Plattform. Diese prüft per Postident Ihre Identität, holt eine Schufa-Auskunft ein und ermittelt eine Kennzahl für Ihre Kapitaldienstfähigkeit. Die privaten Geldanleger, die die Website besuchen, entscheiden anhand dieser Information, ob sie Ihnen Geld anvertrauen wollen und wenn ja, wie viel. Wenn sich ausreichend Kreditgeber finden, zahlt die Plattform Ihnen den Kreditbetrag abzüglich eines Disagios (der Provision für die erfolgreiche Kreditvermittlung) aus und verteilt anschließend Ihre Rückzahlungen an die Kreditgeber.

18. Wie viel Geld brauche ich überhaupt und wie bleibe ich liquide?

Finanzielle Planung

Wie viel Geld Sie investieren müssen, um Ihr Geschäft in Gang zu bringen, wie lange es dauert, bis Sie davon leben können, und wie groß die finanzielle Lücke ist, die Sie durch eigene Ersparnisse oder ein Darlehen decken müssen, das alles können Sie mit dem Zahlenteil Ihres Businessplans kalkulieren (→ 25. Aus welchen Teilen besteht ein Businessplan?).

Auf dem Weg zum Break-even

Überlegen Sie sich zunächst, welche Ausgaben und Anschaffungen auf Sie zukommen, damit Sie überhaupt den Betrieb aufnehmen können. Dazu zählen auch die Auslagen, die Sie schon vor der Gründung haben, zum Beispiel für Gewerbeanmeldung, Gründungsseminare und Beratung. Sie mieten einen Laden oder ein Büro? Dann entstehen beispielsweise Ausgaben für Kaution, Renovierungen und Einrichtung. Vielleicht müssen Sie auch ein Warenlager einrichten. Hinzu kommen einmalige Ausgaben für Technik, Erstausstattung (→ 42. Was gehört zu einer ordentlichen Geschäftsausstattung?) und Eröffnungswerbung. Aufgestockt um einen Sicherheitspuffer ergibt sich der sogenannte Kapitalbedarf.

Lücken schließen

Damit ist es aber nicht getan. Sie werden erfahrungsgemäß im ersten Monat nicht so viel Geld einnehmen, dass Sie von Anfang an Ihre betrieblichen Ausgaben decken können. Auch wird der Gewinn nicht ausreichen, um sämtliche privaten Ausgaben zu decken. Es entsteht also eine Lücke, die Sie überbrücken müssen. Diese wird mit zunehmendem geschäftlichem Erfolg kleiner, bis Sie schließlich den

Break-even erreichen. Wie viel Geld Sie insgesamt über diesen Zeitraum zuschießen müssen, errechnen Sie im Rahmen der Liquiditätsplanung. Darin schätzen Sie Monat für Monat die Zahlungseingänge ab und subtrahieren die Zahlungsausgänge.

Gedankenexperiment: Was wäre, wenn ...

Bitte machen Sie das folgende Gedankenexperiment: Würden Sie Ihr Geschäft mit einem Kontostand von null Euro starten und kein Geld einzahlen, so würde durch den einmaligen Kapitalbedarf das Konto gleich zu Anfang tief in die roten Zahlen rutschen. Dabei bliebe es aber nicht: Der Kontostand würde sich weiter nach unten bewegen, bis der Break-even schließlich erreicht ist und Sie erste Überschüsse erzielen. Was ist der tiefste Punkt? Sie müssten das Bankkonto um 30.000 Euro überziehen? Da würde Ihre Bank nicht mitspielen, sie würde sicherlich schon sehr viel früher die Reißleine ziehen, indem sie Ihr Konto sperrt. Sie müssen Ihren Finanzierungsbedarf also auf andere Weise decken.

Angenommen, der Liquiditätsplan ergibt eine „maximale Überziehung" von 30.000 Euro, dann ist diese Summe Ihr Finanzierungsbedarf. Woher bekommen Sie das Geld, wenn Sie nicht selbst darüber verfügen? Infrage kommen Darlehen von Freunden und Angehörigen, von Banken und Mikrofinanzinstituten.

Bedenken Sie, dass Kreditgeber meist eher bereit sind, Investitionen als Lebenshaltungskosten zu finanzieren. Wenn Sie über Eigenmittel verfügen, sollten Sie diese also vorrangig dazu verwenden, Ihre Lebenshaltungskosten nach der Gründung zu decken, und die Finanzierung des Kapitalbedarfs dem Kreditgeber überlassen. Das setzt aber

Eigenmittel

voraus, dass Sie möglichst rechtzeitig vor der Gründung einen entsprechenden Kredit aufnehmen. Ist Ihr Konto erst einmal überzogen, tut sich die Bank sehr viel schwerer, Ihnen das dringend benötigte Geld auszuzahlen.

19. Bin ich ein attraktiver Kreditnehmer für die Bank oder nicht?

Risiko der
Banken

Ihr Umgang mit Kunden wie auch mit Banken und anderen Kreditgebern wird sehr viel erfolgreicher sein, wenn Sie sich in deren Rolle hineinversetzen und deren Motive und Befürchtungen besser verstehen. Eine Bank verdient umso mehr, je höher der Darlehensbetrag und die Zinsmarge sind, also die Differenz zwischen dem von Ihnen bezahlten und dem Refinanzierungs-Zinssatz. Aus dieser Spanne muss die Bank sämtliche Kosten für Ihre Kreditbetreuung decken sowie die Kosten für eine Vielzahl geprüfter und abgelehnter Kredite. Außerdem trägt die Bank das Risiko, dass Sie Ihren Kredit ganz oder teilweise nicht zurückzahlen können und auch Ihre Sicherheiten dazu nicht ausreichen – vom zusätzlichen Betreuungsaufwand in diesem Fall ganz abgesehen.

Die profitabelsten Kreditkunden

Passende
Eigen-
schaften

Ein attraktiver Kreditnehmer sind Sie also in folgenden Fällen:

- Sie nehmen einen größeren Kredit auf oder es besteht die Aussicht, dass Sie später höhere Kredite aufnehmen werden.

- Sie nehmen andere Leistungen des Kreditgebers in Anspruch, zum Beispiel schließen Sie bei ihm auch eine

Lebensversicherung ab oder nehmen kostenpflichtige Beratung in Anspruch.

- Sie sind dem Kreditgeber im Rahmen der Geschäftsbeziehung schon länger bekannt, sodass geringere Kosten für die Prüfung Ihrer Vermögens- und finanziellen Verhältnisse anfallen.

- Sie arbeiten mit einem soliden, am besten bereits über Jahre etablierten Geschäftsmodell mit gut berechenbaren Ein- und Ausgabeströmen.

- Sie verfügen über ein festes Einkommen, zum Beispiel als nebenberuflich Selbständiger.

- Sie haben gut verwertbare Sicherheiten zu bieten (zum Beispiel Wertpapiere, Immobilien, Lebensversicherungen), die mit vergleichsweise geringem Aufwand bewertet und im Krisenfall verwertet werden können. Dies hält auch bei einem Ausfall den Verlust der Bank gering.

- Als Sicherheiten gelten auch Bürgschaften, etwa von Bürgschaftsbanken, Geschäftspartnern und vor allem Familienangehörigen. Die Bürgen müssen ihrerseits über eine gute Bonität (Rückzahlungsfähigkeit) verfügen, etwa ein festes Gehalt als Angestellte. Bürgschaften werden besonders häufig bei der Vergabe von Mikrokrediten eingesetzt. Ein privater Bürge kann in diesem Zusammenhang maximal 3.000 Euro absichern, die Mikrofinanzinstitute sind aber oft bereit, das Zwei- bis Dreifache des entsprechenden Betrags zu verleihen. Die Bürgschaften sichern nicht nur den Kredit ab, sondern sind auch dafür gedacht, in der Krise einen gewissen Druck auf Sie ausüben zu können. Außerdem ist die Bereitschaft von Angehörigen, für Sie zu bürgen, ein Indiz für Ihre Zuverlässigkeit.

Indikatoren für Ihr Ausfallrisiko

Scoring-Wert

Ein Anhaltspunkt dafür, ob Sie Ihr Darlehen zurückzahlen werden, ist Ihr Zahlungsverhalten in der Vergangenheit. Dazu erfragen die Kreditgeber bei einer Kreditauskunftei wie der Schufa Ihren Scoring-Wert. Die Bonitätsklasse A oder ein Prozentwert um 100 bedeutet das geringste Ausfallrisiko. Sie können bei der Schufa einmal jährlich kostenlos eine Selbstauskunft erhalten (www.meineschufa. de). Nutzen Sie diese Gelegenheit, um zu erfahren, welche Informationen über Sie im Umlauf sind, und lassen Sie falsche Informationen korrigieren.

Ein weiterer wichtiger Indikator für Banken ist Ihre Kapitaldienstfähigkeit (KDF), also Ihre Möglichkeiten, aus dem frei verfügbaren Einkommen für Zinsen und Tilgungen aufzukommen. Dabei geht man davon aus, dass sich an Ihrer Einnahme- und Ausgabesituation nichts Wesentliches ändern wird. Deshalb eignet sich dieser Indikator nur für bereits etablierte Selbständige sowie Teilzeit-Selbständige, die zusätzlich über ein festes Einkommen aus einer Anstellung verfügen.

Um Ihr frei verfügbares Einkommen zu berechnen, addieren Sie Ihre monatlichen Einkünfte und ziehen davon die monatlichen privaten und betrieblichen Ausgaben ab, zum Beispiel Miete, Versicherungsbeiträge oder Unterhaltszahlungen. Die zugrunde liegenden Zahlen weisen Sie durch Jahresabschlüsse und Steuerbescheide nach.

KDF-Indikator

Der KDF-Indikator gibt als Prozentwert wieder, wie viel von Ihrem frei verfügbaren Einkommen Sie benötigen, um Zinsen und Tilgungen für alle von Ihnen aufgenommenen Kredite, einschließlich des neuen, zu leisten. Je höher dieser Anteil, umso kleiner ist der Puffer, um auch mit geringeren Einnahmen den Kapitaldienst erfüllen zu können. Ein hoher KDF bedeutet also auch ein hohes Ausfallrisiko.

Kreditgespräche erfolgreich führen

Wenn Sie grundsätzlich die Voraussetzungen erfüllen, um einen Kredit zu erhalten, und vom Kreditgeber zu einem Gespräch eingeladen werden, fällt die endgültige Entscheidung meist im Anschluss an dieses Gespräch. In der Regel haben Sie zuvor einen Businessplan eingereicht und werden diesen besprechen. Um in diesem Gespräch erfolgreich zu sein, ist es essenziell, dass Sie selbst Ihren Businessplan bis ins Detail nachvollziehbar erklären können, ohne dass Ihr Berater Ihnen Hilfestellung gibt. Sie müssen darlegen können, wie Sie auf bestimmte Annahmen gekommen sind, was die Höhe und Entwicklung von Umsätzen und Kosten angeht. Sinnvoll ist es, wenn Sie Ihren Plan mithilfe eines Gründungs- oder Unternehmensberaters erstellen – was durchweg auch von den Geldgebern positiv gesehen wird. Dennoch müssen Sie ihn selbst verstehen, denn schließlich werden auch Sie selbst ihn umsetzen.

KAPITEL 3

Wie organisiere ich mein Unternehmen?

Um erfolgreich arbeiten zu können, benötigen Sie eine bestimmte Infrastruktur: angefangen beim Arbeitsplatz über Kommunikationstechnik bis hin zum Geschäftskonto. Wichtig: Organisieren Sie Ihre Ablage so, dass gar nicht erst ein Chaos entstehen kann. Und holen Sie sich gezielt den Rat eines Anwalts, um auch rechtlich auf der sicheren Seite zu sein.

20. Home-Office, eigenes Büro außerhalb oder Bürogemeinschaft?

Viele Gründer starten von zuhause aus. Andere gehen den ersten Schritt in die Selbständigkeit, indem sie nach repräsentativen Geschäftsräumen suchen. Wieder andere eröffnen mit Kollegen eine Bürogemeinschaft.

Von zuhause aus arbeiten – Home-Office

Vorteile

Das Büro zuhause ist die bequemste und billigste Lösung: Man spart sich den Arbeitsweg, muss sich an keine festen Zeiten halten und kann Beruf und Familienpflichten besser unter einen Hut bekommen. Ein Schreibtisch ist meist schon vorhanden, ebenso Telefon und Internetzugang. Mehr brauchen viele Selbständige am Anfang nicht. Zusätzliche Ausgaben für Ihren Arbeitsplatz kommen in diesem Fall nicht auf Sie zu. Sie können sogar einen Teil der Telefonkosten und – wenn Sie über ein abgeschlossenes Arbeitszimmer verfügen – der Miete als Betriebsausgabe geltend machen. Das kommt Ihnen gerade in der Startphase zugute: Die monatlichen Fixkosten und das Risiko der Gründung werden gering gehalten.

Was ist der Haken? Wer im Home-Office arbeitet, braucht **Nachteile** ein hohes Maß an Disziplin. Wohnung und Mitbewohner bieten üblicherweise zahlreiche Ablenkungen, denen man standhalten muss. Ohne feste Regeln, regelmäßige Kernarbeitszeiten und – falls nötig – eiserne Disziplin werden Sie mit Ihrem Home-Office nicht glücklich, geschweige denn ein erfolgreiches Unternehmen aufbauen. Doch für viele Gründer sind gar nicht einmal die potenziellen Ablenkungen das Hauptproblem. Vielmehr ist es der Mangel an menschlichen Kontakten. Wer den ganzen Tag nicht vor die Tür kommt, fühlt sich bald von der Außenwelt abgeschnitten. Die Kommunikation per E-Mail oder Telefon ist kein gleichwertiger Ersatz für persönliche Begegnungen und Gespräche.

GUT ZU WISSEN

Was sagt der Vermieter zum Home-Office?

Haben Sie einen normalen Wohnraummietvertrag abgeschlossen, so dürfen Sie Ihre Wohnung nur in Ausnahmefällen ohne die Zustimmung Ihres Vermieters beruflich nutzen: wenn Sie keinen übermäßigen Publikumsverkehr haben, die Wohnung durch die berufliche Tätigkeit nicht übermäßig abgenutzt wird und Sie keine Mitarbeiter beschäftigen. Wer am Schreibtisch arbeitet, beispielsweise als Übersetzer oder Gutachter, erfüllt diese Kriterien. In allen anderen Fällen sollten Sie Ihren Vermieter um Erlaubnis fragen.

Eigene Räume mieten

Unter bestimmten Umständen führt kein Weg an einem eigenen Büro oder Laden vorbei. Vor allem dann, wenn Sie im Team gründen, von vornherein ein größeres Unternehmen planen oder ganz einfach für Ihre Tätigkeit eine gute Adresse und repräsentative Räumlichkeiten benötigen. Wenn Sie regen Kundenverkehr haben, spielen sowieso die Lage und die Erreichbarkeit eine entscheidende Rolle.

Großer Ausgabe-posten

Mit der Miete kommt allerdings ein großer Ausgabenposten auf Sie zu. Machen Sie sich bewusst, dass Sie ein erhebliches finanzielles Risiko tragen, falls Sie im anfänglichen Überschwang zu viel Fläche anmieten oder einen langfristigen Mietvertrag akzeptieren müssen.

Mietrecht

Beachten Sie auch, dass für Gewerbeflächen wie Büros, Läden, Praxen oder Werkstätten nicht das von Wohnräumen bekannte verbraucherfreundliche Mietrecht gilt. Der Vermieter muss sich nicht an Vergleichsmieten orientieren, er darf zusätzliche Nebenkosten auf den Mieter abwälzen, mehr als drei Monatsmieten Kaution verlangen und die Minderung für mangelhafte Mietsachen vertraglich ausschließen. Lesen Sie den Mietvertrag für Ihr Büro oder Ihren Laden daher sehr sorgfältig durch und lassen Sie ihn möglichst von einem Anwalt prüfen. Am besten suchen Sie mehrere geeignete Räumlichkeiten, dann haben Sie bei den Verhandlungen über die Miethöhe und den Mietvertrag immer noch eine Alternative.

TIPP: ZUR MEHRWERTSTEUER BEIM MIETEN

Viele gewerbliche Vermieter erheben Mehrwertsteuer, manche nicht. Wenn Sie nicht umsatzsteuerpflichtig sind (→ 30. Wie funktioniert das mit der Umsatzsteuer?), kann dies ein sehr wichtiges Auswahlkriterium sein.

Alles gemeinsam: Bürogemeinschaften

Mitglieder einer Bürogemeinschaft teilen sich die Miete und alle anderen gemeinsamen Kosten. Das kommt in der Regel günstiger, als allein ein Büro anzumieten. Viele Gründer schätzen an einer Bürogemeinschaft, dass sie weniger abgelenkt sind als im Home-Office und darüber hinaus mehr Anregung bekommen. Oftmals entsteht auch ein zuverlässiges Netzwerk mit Kollegen aus der Bürogemeinschaft und man kann gemeinsam relativ teure Geräte wie einen Kopierer anschaffen oder einen Besprechungs- oder Veranstaltungsraum anmieten. Oder gemeinsames Personal einstellen, zum Beispiel am Empfang oder im Sekretariat.

Zuverlässiges Netzwerk

Sie können zwei Wege wählen. Entweder tun Sie sich mit Leuten, die Sie bereits kennen, zusammen und gründen eine Bürogemeinschaft. Oder Sie ziehen in eine bestehende Bürogemeinschaft. Suchen Sie dazu in sozialen Netzwerken, zum Beispiel bei Xing.com, in Kleinanzeigen (auch im Internet), auf den Seiten von Immobilienbörsen oder bei Google und anderen Suchmaschinen. Oder Sie geben selbst ein Gesuch auf. Fragen Sie in jedem Fall bei anderen Selbständigen und im Freundeskreis nach, ob jemand von einem passenden Angebot weiß.

Hier finden Sie einige Tipps, wie Sie als Bürogemeinschaft ein Büro anmieten:

Tipps zur Büro- anmietung

- Sie können gemeinsam als Mieter auftreten. Jeder haftet für die Miete als Ganzes.

- Sie wählen einen Hauptmieter aus, der Räume an die anderen untervermietet. Diese Variante ist vielen Vermietern lieber, weil sie einen einzigen Ansprechpartner haben und nicht bei jedem Ein- und Auszug den Vertrag ändern müssen.

- Vorsicht: Der Hauptmieter fungiert auch als Geldeintreiber und trägt ein erhebliches finanzielles Risiko, falls einer der Bürokollegen die Miete nicht bezahlt oder auszieht. Daher steht ihm durchaus eine Vergünstigung zu, zum Beispiel ein Nachlass auf seinen Teil der Miete oder die Nutzung eines besonders schönen Raums.

- Eröffnen Sie für die Miete und Nebenkosten ein eigenes Konto und zahlen Sie zum Start gleich etwas mehr als die erste Miete ein. Trifft die Überweisung eines Mieters verspätet ein oder fallen Nachzahlungen zu Nebenkosten an, können Sie die Miete mit diesem Geld trotzdem rechtzeitig begleichen.

- Wichtig: Die Mitglieder einer Bürogemeinschaft sollten schriftlich vereinbaren, welche Kündigungsfristen nach innen beziehungsweise gegenüber dem Hauptmieter gelten und was beim Auszug mit gemeinsam angeschafften Gegenständen passieren soll. Üblich ist, dass derjenige, der aus der Bürogemeinschaft auszieht, einen Nachmieter suchen muss.

TIPP: ALTERNATIVE CO-WORKING

Früher gab es nur teure Bürocenter als Alternative, in denen jede Zusatzleistung extra in Rechnung gestellt wurde. Dann verbreitete sich die raumweise Vermietung leer stehender und oft nicht mehr anderweitig vermietbarer Büroetagen an Existenzgründer. Inzwischen gibt es in fast jeder größeren Stadt auch Co-Working-Areas: Dort mieten Sie stunden-, tage-, wochen- oder monatsweise einen Schreibtisch in einem modernen Großraumbüro – allerdings ohne Anspruch auf den immer gleichen Arbeitsplatz. Sie können aber in den meisten Fällen monatsweise einen festen Schreibtisch für sich reservieren. Die Übergänge zur Bürogemeinschaft und zur Untervermietung sind fließend, entsprechend variiert auch der Preis.

21. Telefon, Handy und Internet: Was sollte ich unbedingt anschaffen?

Manchen Gründern reichen ein Handy und ein drahtloser Internetzugang. Andere wollen erst mit Telefonanschluss und Internetzugang so richtig loslegen.

Zuverlässig und bewährt: der Festnetzanschluss

Einen ISDN-Anschluss, der heute Standard ist, können Sie bei der Telekom oder einem alternativen Anbieter bestellen. Ihnen stehen dann zwei Leitungen zur Verfügung, auf denen gleichzeitig telefoniert werden kann. Sie erhalten drei Telefonnummern (MSNs) – das reicht für zwei Telefone und ein Faxgerät mit jeweils eigener Rufnummer. Falls Sie weitere Rufnummern benötigen, lassen sich diese problemlos gegen Gebühr auf den Anschluss schalten. In einer Bürogemeinschaft telefonieren dann alle über einen einzigen ISDN-Anschluss – vorausgesetzt, es genügen zwei Amtsleitungen.

ISDN-Anschluss

> **TIPP: IHRE RUFNUMMER ZIEHT MIT UM**
>
> Wenn Sie aus einem Büro wieder ausziehen, in dem Sie einen eigenen ISDN-Anschluss hatten, kann die Deutsche Telekom Ihre Rufnummer auf einen anderen ISDN-Anschluss übertragen.

Wenn Sie über einen ISDN-Anschluss analoge Telefone oder Faxgeräte betreiben möchten, brauchen Sie eine Telefonanlage, wie zum Beispiel die der „Fritzbox". Damit bestimmen Sie, welche angeschlossenen Geräte künftig unter welcher Nummer erreichbar sind. ISDN-Geräte können Sie direkt anschließen, allerdings sind ISDN-Telefone

Telefonanlage

und -Faxgeräte deutlich teurer als vergleichbare analoge Geräte.

Befassen müssen Sie sich auch mit der Frage, welche Telefongesellschaft die richtige für Sie ist. Unser Tipp: Lassen Sie sich nicht allein von den Kosten leiten. Zuverlässigkeit und Service sind bei einem Telefonanschluss entscheidend. Schließlich ist er für viele Unternehmen wie eine Lebensader: Wenn die Telefonleitung tot ist, gehen Aufträge verloren. Es sind einige Fälle bekannt, in denen Verzögerungen bei der Einrichtung oder komplette Ausfälle des Telefonanschlusses hohe Folgekosten nach sich gezogen haben.

Die Wettbewerber der Telekom bieten oft wesentlich günstigere Grundgebühren. Der Haken: Meist erlauben sie kein Call-by-Call. Achten Sie daher vor dem Vertragsabschluss auch auf die Minutenpreise, insbesondere auf die Kosten für Gespräche über Mobilfunk und ins Ausland.

Tatsächlicher Bedarf

Was den Telefontarif und die gebuchten Flatrates betrifft, so muss es nicht immer gleich der umfassendste und teuerste Tarif sein. Viele Gründer überschätzen den tatsächlichen Bedarf und bezahlen jeden Monat mehr als eigentlich nötig. Ein Upgrade ist später jederzeit problemlos möglich, ein Downgrade erfahrungsgemäß eher nicht …

Unerlässlich: der Anrufbeantworter

Damit Anrufe Ihrer Kunden und Interessenten nie ins Leere laufen, brauchen Sie in jedem Fall einen Anrufbeantworter. Stellen Sie sich vor, ein wichtiger Auftrag geht Ihnen verloren, nur weil Ihr Kunde Sie nicht erreichen konnte. In modernen Telefonanlagen sind häufig ein oder mehrere Anrufbeantworter eingebaut, die sogar aufgezeichnete Nachrichten per E-Mail an Sie weiterleiten können.

Alternativ können Sie bei Ihrer Telefongesellschaft eine Antwortmailbox einrichten. Das lohnt sich, wenn Sie häufig und auch einmal für längere Zeit unterwegs sind. Ansonsten ist ein ins Telefon eingebauter Anrufbeantworter die bequemste Lösung.

Antwort-
mailbox

TIPP: KONTROLLIEREN SIE IHREN ANRUFBEANTWORTER

Nehmen Sie sich Zeit für das Besprechen des Anrufbeantworters. Kontrollieren Sie gelegentlich durch einen Anruf bei sich selbst, ob die Ansage deutlich, verständlich und aktuell ist.

Internetzugang mit DSL und WLAN

In der Regel basiert der Internetzugang per DSL auf einem analogen oder ISDN-Telefonanschluss und wird zusammen im Paket mit Telefon- und Internet-Flatrate sowie weiteren Extras verkauft, er kann aber auch getrennt eingerichtet werden.

Bei den Kosten fürs Internet lässt sich beachtlich sparen, wenn Sie Ihren Bedarf realistisch einschätzen. Nachträglich können Sie die Leistung immer noch aufstocken, falls Sie feststellen, dass die gewählte Geschwindigkeit nicht ausreicht. Informieren Sie sich aber in jedem Fall, welche Geschwindigkeit überhaupt in dem Gebäude, in dem Sie arbeiten, technisch möglich ist. Sonst kann es passieren, dass Sie für eine Leistung zahlen, die gar nicht erbracht werden kann.

Realistische
Einschät-
zung

Für DSL brauchen Sie einen sogenannten Splitter, der das Signal aus der Anschlussdose in ISDN und DSL zerlegt. Außerdem benötigen Sie einen DSL-Router. Dieser erlaubt es, mehrere Rechner über einen DSL-Anschluss zu betreiben. Am besten entscheiden Sie sich gleich für einen

WLAN-Router, mit dem Sie drahtlos ins Internet gehen können. Geräte wie die bereits erwähnte „Fritzbox" sind teilweise WLAN-Router, Telefonanlage zum Anschluss analoger Geräte und Anrufbeantworter in einem. Das ist eine sehr praktische Lösung, spart Geld und vermeidet zudem viel Kabelsalat.

TIPP: WIE SIE IHRE DATEN BEQUEM ONLINE SICHERN

Gewöhnen Sie es sich an, regelmäßig an einem bestimmten Wochentag Ihre Daten zu sichern. Bei Datenverlust könnte im schlimmsten Fall Ihre Existenz gefährdet sein.

Neben der Sicherung auf einer DVD oder externen Festplatte setzt sich eine ganz andere, überaus bequeme Form des Back-ups durch: Online-Datensicherungs-Dienste wie Dropbox.com legen auf Ihrer Festplatte ein Verzeichnis an und synchronisieren alle Ordner und Dateien, die Sie in diesem Verzeichnis speichern, mit Ihrer Dropbox im Internet. Sie können von überall aus per Browser passwortgeschützt auf diese Dateien zugreifen, sehr bequem auch mit Apps auf Ihrem Smartphone oder Tablet-Rechner.

Telefonieren ohne Festnetz: Handy

Breites Angebot

Ist in Ihrem Büro ein schneller Internetzugang vorhanden? Reicht der Empfang in Ihrem Büro aus? Dann kann das Handy das Festnetz vollständig ersetzen. Nach dem Vorbild von O_2 Genion bieten inzwischen alle Mobilfunkgesellschaften Verträge mit einer Art „Home Zone" an: Sie sind im Büro günstig über eine Festnetznummer erreichbar und können selbst zu einem niedrigen Minutenpreis telefonieren – ganz ohne Festnetz. Und natürlich gibt es Handyverträge mit Flatrates für Anrufe ins Festnetz und in eines oder mehrere Mobilfunknetze. Damit können sogar Vieltelefonierer ihren Festnetzanschluss durch ein Handy ersetzen.

GUT ZU WISSEN

Das Mini-Büro immer dabei

Mit einem Smartphone oder Tablet haben Sie jederzeit, zuhause, auf dem Weg zur Arbeit, auf Geschäftsreisen und notfalls sogar im Urlaub, eine Art Mini-Büro bei sich. Sie können dringende E-Mails beantworten, etwas im Web erledigen oder nachschauen, wann der nächste Zug abfährt, um nur einige Beispiele zu geben. Das ist wahnsinnig praktisch und ich persönlich (Andreas Lutz) wollte darauf nicht mehr verzichten: Früher hatte ich ständig den Laptop im Handgepäck, jetzt reicht das iPhone in der Hosentasche.

Vorsicht: Bei Flatrates, Verträgen mit Mindestumsätzen und im monatlichen Grundpreis enthaltenen Gesprächsguthaben werden Anrufe in fremde Mobilfunknetze häufig, Auslandsgespräche und Servicenummern immer gesondert berechnet. In manchen Fällen zahlen Sie sogar für Anrufe ins eigene Mobilfunknetz oder zur eigenen Mailbox extra.

Das Gros der Gründer richtet einen Festanschluss ein und benutzt das Handy nur unterwegs. Wer bereits ein Handy hat, kann über das Internet Prepaid-Karten mit sehr günstigen Minutenpreisen kaufen. Planen Sie dagegen, ein neues Handy zu kaufen, dann lohnt sich meist ein 24-monatiger Vertrag, bei dem der Handykauf in der Regel mit gut 200 Euro subventioniert wird. Vergleichen Sie die Angebote, nachdem Sie Ihr Handymodell gewählt haben, indem Sie den Gesamtpreis aus den einmaligen Kosten (für Handy, Lieferung und Anschlussgebühr) und laufenden Kosten (monatliche Grundgebühr und Mindestumsatz) über die gesamte Laufzeit berechnen. Oft sind beim preisgünstigsten Anbieter die Gesamtkosten über 24 Monate inklusive fixer monatlicher Gebühren niedriger, als wenn Sie das gleiche Handy ohne Vertrag kaufen würden.

Angebote vergleichen

22. Wie organisiere ich meine Ablage, damit erst gar keine Papierstapel entstehen?

Systematisches Vorgehen

Vermeiden Sie von Anfang an, dass die Papierstapel in Ihrem Büro von Woche zu Woche höher werden, indem Sie schon in der Gründungsphase alle Belege nach dem folgenden System abheften. Warum? Weil Sie so den Überblick bewahren und beispielsweise Belege, Korrespondenz und Verträge jederzeit leicht wiederfinden. Das bewahrt Sie vor finanziellen Verlusten, die entstehen können, wenn Sie Quittungen verlieren und deshalb Betriebsausgaben nicht absetzen können oder offene Rechnungen übersehen und viel zu spät mahnen. Außerdem sparen Sie Geld, weil Ihr Buchhalter oder Steuerberater wesentlich weniger Zeit benötigt, um geordnete Belege als einen Schuhkarton voller Unterlagen zu bearbeiten.

Erster Ordner: „Belege"

Für eine systematische Ablage genügen anfangs vier Ordner, Trennstreifen, Heftstreifen und Monatsregister. Mithilfe der Trennstreifen und Register sortieren Sie die Papiere innerhalb eines Ordners. Mit den Heftstreifen halten Sie zusammengehörige Papiere zusammen, die Sie dann wiederum in einen Ordner einheften können.

- Trennstreifen „Offene Eingangsrechnungen": Sämtliche Rechnungen, die eingetroffen, aber noch nicht bezahlt sind, werden hier eingelegt. So können Sie rasch sehen, wie viel Sie aktuell Ihren Lieferanten schulden. Wenn Sie eine Zahlung angewiesen haben, notieren Sie auf der Rechnung „angew. am …".

- Trennstreifen „Offene Ausgangsrechnungen": In dieser Abteilung heften Sie die Kopien Ihrer Ausgangsrechnungen bis zu ihrer Zahlung ab. Hier sehen Sie auf einen Blick, wie viele Kunden noch nicht bezahlt haben und ob es nicht höchste Zeit ist, Mahnungen zu versenden (→ 40. Wie komme ich möglichst schnell an mein Geld, wenn Kunden nicht zahlen wollen?).

- Monatsregister: Sobald Sie oder einer Ihrer Kunden eine Rechnung bezahlt haben, sortieren Sie diese hinter das entsprechende Monatsregister. Da die meisten Zahlungen über das Bankkonto erfolgen, wird dieser Teil der Ablage auch oft „Bank" genannt. Zunächst heften Sie die neu abgeholten Kontoauszüge gleich hinter dem aktuellen Monatsregister ab, sodass die neuesten Buchungen zuoberst sind. Hinter jeden einzelnen Auszug sortieren Sie in entsprechender Reihenfolge die zugehörigen Belege. Lassen Sie sich nicht irritieren, wenn nicht zu jeder Position ein Beleg existiert: Manche Zahlungen wie Büromiete, Versicherungen oder Bankgebühren sind durch Verträge und Daueraufträge geregelt, hierzu gibt es keine einzelnen Nachweise.

- Heftstreifen „Kasse": Auf einem Heftstreifen pro Monat sammeln Sie Barzahlungsbelege – Ausgaben wie Einnahmen –, auch hier liegen die neuesten obenauf. Unser Tipp: Leeren Sie Ihren Geldbeutel am besten immer gleich aus und heften Sie Kassenbons und Quittungen ab, wenn Sie ins Büro kommen. Bei Bewirtungsbelegen und Geschenken tragen Sie am besten auch gleich die entsprechenden Angaben (bewirtete Personen, Anlass, Unterschrift etc.) ein. Dann müssen Sie diese Papiere nicht ein zweites Mal in die Hand nehmen. Der Heftstreifen mit den Barbelegen kommt dann ans Ende des jeweiligen Monats.

Zweiter Ordner: „Verträge"

Details im
Blick

Wenn Sie Verträge abschließen, heften Sie sie unterteilt mit Trennstreifen ab. Diese beschriften Sie jeweils mit dem Namen des Vertragspartners. So finden Sie in dem zweiten Ordner alle Unterlagen, zum Beispiel zu Bankkonten, Abos, Büromiete, Handy, Telekom, Versicherungen und freien Mitarbeitern.

Bewährt hat sich in der Praxis ein Deckblatt, auf dem Sie die Vertragspartner, Zahlungs- und andere wichtige Termine sowie die Zahlungsmethode (Dauerauftrag, Lastschrift usw.) notieren. So übersehen Sie weder Zahlungsverpflichtungen noch Kündigungstermine. Gewöhnen Sie sich an, diese Tabelle beim Abheften neuer Verträge zu aktualisieren, damit sie immer auf dem neuesten Stand ist. Bei Verträgen, die sich nur alle sechs, zwölf oder 24 Monate kündigen lassen, sollten Sie zudem einen Erinnerungstermin rechtzeitig vor dem nächstmöglichen Kündigungstermin in Ihren Kalender eintragen.

Dritter Ordner: „Kunden/Korrespondenz"

Getrennte
Ablage

Auch für Ihre Korrespondenz mit Kunden brauchen Sie eine getrennte Ablage. Oft werden alle Angebots- und Rechnungskopien sowie Aufträge und Auftragsbestätigungen alphabetisch nach Namen oder Firmennamen sortiert. Sie finden dann alles sicher wieder und können Fragen zu einem bestimmten Kunden rasch klären. Zusätzlich zu dem Ordner können Sie Hängeregistermappen verwenden. Für jeden Kunden legen Sie dann eine eigene Mappe an, in der Sie Notizen, Schriftwechsel, Ausdrucke wichtiger E-Mails und eine Kopie der bereits abgehefteten Verträge ablegen.

Vierter Ordner: „Finanzamt/Steuerberater"

Noch bevor Sie einen Euro Umsatz gemacht haben, werden Sie erste Briefe vom Finanzamt und vom Steuerberater erhalten. Diese Unterlagen werden zusammen mit den Umsatzsteuervoranmeldungen, der Lohnsteuerkarte, den Steuerbescheinigungen von Versicherungen und Banken, dem Fahrtenbuch sowie anderen steuerrelevanten Unterlagen im vierten Ordner abgeheftet. Darüber hinaus legen Sie hier – nach Jahren getrennt – die Jahresabschlüsse, Ihre Steuererklärungen und die Steuerbescheide ein.

Wichtige Unterlagen

Was muss ich wie lange aufbewahren?

Laut Gesetz müssen Sie alle wichtigen Unterlagen für eine bestimmte Zeit aufbewahren. Wenn Sie Ihre Papiere laufend in Ordnung halten, wird es Ihnen leichtfallen, den Aufbewahrungspflichten nachzukommen.

Für Belege, Buchungsunterlagen und Jahresabschlüsse ist eine Aufbewahrungspflicht von zehn Jahren festgeschrieben. Dies entspricht weitestgehend den Unterlagen, die Sie dem Steuerberater übergeben müssen und von ihm zurückerhalten. Berücksichtigen Sie, dass die Aufbewahrungspflicht mit dem Ablauf des Kalenderjahres beginnt, in dem das betreffende Dokument im Unternehmen erstellt wurde oder eingegangen ist. Zum Jahresanfang 2012 können also die Geschäftsunterlagen vernichtet werden, die aus dem Jahr 2001 und aus den Jahren davor stammen.

Aufbewahrungspflicht

GUT ZU WISSEN

Für wen gelten längere Aufbewahrungspflichten?

In einigen Berufen gelten wesentlich längere Aufbewahrungspflichten, beispielsweise für die Krankenakten eines Arztes und die Baupläne eines Architekten.

Geschäfts-
briefe

Sechs Jahre lang müssen empfangene und gesendete Ge-schäftsbriefe aufbewahrt werden. Dazu zählen Aufträge, Kopien von Auftragsbestätigungen, Lieferscheine und Ähnliches, also sämtliche Unterlagen, die mit einem Auf-trag zusammenhängen, darunter auch E-Mails. Arbeits-verträge, Lohnunterlagen, Beschlüsse der Geschäftslei-tung und Betriebsvereinbarungen gehören ebenfalls dazu.

TIPP: KOPIEREN SIE IHRE BELEGE AUS THERMOPAPIER

Beachten Sie, dass Thermopapier ausbleicht. Wenn Sie also beispielsweise Kas-senzettel oder Parkscheine aus Thermopapier archivieren müssen, machen Sie am besten eine Kopie und heften Sie diese zusammen mit den Originalen ab. Sammeln Sie zum Beispiel alle Parkscheine, kleben Sie sie am Monatsende auf ein Blatt Papier und kopieren Sie dieses.

---

23. Brauche ich ein eigenes Geschäfts-konto und eine Kasse?

Zwar dürfen Sie als Selbständiger Ihre geschäftlichen Zahlungseingänge und -ausgänge durchaus über Ihr Pri-vatkonto abwickeln, empfehlenswert ist das aber nicht. Das Finanzamt behandelt Ihr bisheriges Privatkonto dann nämlich wie ein Geschäftskonto, das heißt, dass für die Kontoauszüge eine zehnjährige Aufbewahrungsfrist gilt. Zudem gewinnt das Finanzamt im Fall einer Steuerprü-fung weitreichende Einblicke, wie es um Ihre Lebens- und Vermögensverhältnisse bestellt ist.

Mehr
Transparenz

Es gibt aber noch einen anderen Grund, aus dem wir Ihnen dringend dazu raten, Privat- und Geschäftskonto zu tren-nen: Die finanzielle Situation Ihres Unternehmens wird Ihnen selbst dadurch sehr viel transparenter. Sie erkennen genau, wo Sie stehen, wie viel Geld Sie in Ihr Unternehmen investiert und wie viel Sie als Vorschuss auf Ihren Jahresgewinn entnommen haben. Wenn Ihre Umsatzentwicklung halbwegs stabil ist, können Sie sich sogar ein festes „Gehalt" auf das Privatkonto überweisen.

Das gilt fürs Geschäftskonto

Richten Sie das geschäftliche Konto am besten schon bei der Unternehmensgründung ein. Wenn die Kontoverbindung erst einmal auf dem Briefpapier steht und an zahlreiche Kunden weitergegeben ist, verursacht eine Umstellung viel Aufwand. Denn dann müssen Sie Daueraufträge, Lastschriftermächtigungen und hinterlegte Kreditkartennummern ändern, alle Kunden, die ihre Rechnungen noch nicht bezahlt haben, informieren – und sich an neue Geheimnummern gewöhnen.

Nehmen Sie sich etwas Zeit, wenn Sie Ihre Bank auswählen. Für Geschäftskonten verlangen die Banken in der Regel deutlich höhere Monatspauschalen und fast immer buchungsabhängige Gebühren. Deren Höhe hängt davon ab, wie viele Überweisungen im Monat vorgenommen werden. Für das Firmenkonto ist zudem häufig ein anderer Ansprechpartner zuständig. Doch oft gibt es in der gewohnten Filiale gar keinen Firmenkundenberater, sodass Sie – zumindest für die Kontoeröffnung – eine größere Filiale in der Nähe aufsuchen müssen. Schwierig kann es auch werden, wenn Sie für Ihr neu eröffnetes Geschäftskonto einen Überziehungskredit bekommen wollen. Hier wird nach ganz anderen Kriterien geprüft als im Privatkundenbereich, wo ein regelmäßiges Einkommen fast automatisch dazu führt, dass ein Dispokredit gewährt wird.

Bankwahl

Viele Gründer richten deshalb einfach ein zweites Privatkonto ein – bei derselben oder bei einer anderen Bank.

Zweites Privatkonto?

93

Angesichts überschaubarer Umsätze und einer begrenzten Zahl von Buchungen stellt dies bei Freiberuflern und Selbständigen mit wenigen Auftraggebern in der Regel kein Problem dar. So manche Bank unterscheidet nicht genau zwischen Privatkunden und Freiberuflern. Aber Vorsicht: Wenn das Geschäft gut läuft und mehr Überweisungen stattfinden, kann es passieren, dass die Bank eine Verletzung ihrer AGB feststellt und relativ kurzfristig das Konto kündigt oder die Umwandlung in ein teureres Geschäftskonto verlangt. Die preisgünstigen Direktbanken bieten in der Regel ohnehin keine Geschäftskonten an und lassen oft nur ein Konto pro Kunde zu.

Auszüge Achten Sie darauf, dass Sie Ihre Kontoauszüge nicht nur als PDF, sondern als Original per Post erhalten oder am Kontoauszugdrucker abholen. Der Ausdruck eines elektronischen Kontoauszugs auf Papier genügt nicht den Aufbewahrungspflichten nach § 147 Abgabenordnung (AO). Wenn Sie Ihre Zahlungseingänge häufig kontrollieren müssen, gehen Sie am besten regelmäßig, zum Beispiel auf dem Weg zur Arbeit oder zum Mittagessen, bei Ihrer Bank vorbei und holen sich die aktuellen Auszüge.

Über Ihr Geschäftskonto sollten sämtliche Betriebseinnahmen sowie -ausgaben fließen. Experten raten dazu, auch bestimmte private Ausgaben über das Geschäftskonto laufen zu lassen, die im Rahmen der Einkommensteuererklärung zumindest teilweise absetzbar sind, zum Beispiel die für Versicherungen und Miete. So wird der Steuerberater diese Posten nicht übersehen.

Kasse und Kassenbuch für Bares

Fallen bei Ihnen häufig Barausgaben und -einnahmen an, müssen Sie zudem eine Kasse und ein Kassenbuch führen. Im Kassenbuch verzeichnen Sie alle Zahlungsein- und -ausgänge, errechnen jeweils das resultierende Kassenguthaben und gleichen regelmäßig ab, sodass keine Differenz zum tatsächlichen Betrag in der Kasse entsteht. Insbesondere darf das rechnerische Kassenguthaben nicht negativ werden, was aber leicht passieren kann, wenn Sie Ausgaben privat aus Ihrem Geldbeutel vorstrecken. Wenn Sie dagegen nur wenige Barzahlungen pro Monat haben, können Sie auf ein Kassenbuch verzichten. Sammeln Sie die Belege dann einfach auf einem Heftstreifen und buchen Sie sie am Monatsende direkt in die Buchhaltung ein.

24. Wofür benötige ich die Hilfe eines Anwalts?

Die Dienste eines Anwalts sollten Sie nicht erst in Anspruch nehmen, wenn es zum Streitfall gekommen ist. Vielmehr kann ein Rechtsanwalt Ihnen helfen, Konflikte durch klare Regelungen von vornherein zu vermeiden. Das kann schon sinnvoll sein, wenn Sie Ihr noch bestehendes Arbeitsverhältnis beenden wollen, bevor Sie sich selbständig machen. Ein Rechtsanwalt kann Sie dabei unterstützen, durch geschicktes Gestalten und Formulieren finanzielle Nachteile zu vermeiden. Für die Gründung ist es teilweise nötig, Erlaubnisse einzuholen; auch dafür wird häufig ein Anwalt hinzugezogen.

Klare Regelungen vorab

Ein Anwalt für viele Fälle

Vor allem wenn Sie sich im Team selbständig machen, werden Sie anwaltliche Hilfe beim Aufsetzen des Gesellschaftsvertrags brauchen. Zwar ist für die Gründung einer

GbR kein schriftlicher Gesellschaftsvertrag notwendig, sinnvoll ist er aber allemal. Bei der Gründung einer UG (haftungsbeschränkt) oder einer GmbH müssen Sie einen Gesellschaftsvertrag schriftlich vor dem Notar schließen.

Vertragliche Regelungen

Mit einem Mustervertrag sollten Sie sich nur dann begnügen, wenn Sie alleine gründen und auch nicht vorhaben, weitere Gesellschafter aufzunehmen. Achten Sie darauf, dass Sie alle vertraglichen Regelungen, etwa wie die Entscheidungen in der Gesellschaft zustande kommen, wie der Gewinn verteilt wird oder unter welchen Bedingungen Gesellschafter ausscheiden und wie sie zu entschädigen sind, genau verstehen. Passen Sie den Vertrag außerdem auf eventuelle spezifische Besonderheiten in Ihrem Unternehmen an. Auch wenn Sie einen Firmen- oder Markennamen schützen lassen wollen, ist fachliche Unterstützung empfehlenswert. Ihr Anwalt prüft vorab, ob es schon ähnliche Namen gibt, was zu Problemen führen kann, und ob Ihr gewünschter Name überhaupt geschützt werden kann (→ 7. Der richtige Name: Was passt und ist erlaubt?).

Muster-verträge

Wenn Sie feste oder freie Mitarbeiter beschäftigen oder einen der Gesellschafter zum Geschäftsführer bestellen, sollten Sie ebenfalls Ihren Anwalt um Rat fragen. Zwar sind hierzu Musterverträge im Umlauf, doch oft passen diese nicht auf die individuellen Umstände oder sind aufgrund neuer Gerichtsurteile veraltet und damit angreifbar. Vor allem aber wird Ihnen ein guter Anwalt erklären, was die Regelungen in der Praxis bedeuten und worauf Sie beim Umgang mit den Mitarbeitern achten müssen. Allzu leicht wird sonst zum Beispiel aus einem freien Mitarbeiter vor dem Gesetz ein Scheinselbständiger, für den Sie unter Umständen Sozialversicherungsbeiträge (nach)zahlen müssen (→ 48. Ist mein freier Mitarbeiter ein Scheinselbständiger?).

Ähnlich verhält es sich mit den Allgemeinen Geschäftsbe-
dingungen (AGB) sowie mit Klauseln und Hinweisen, die
Sie in Rechnungen oder auf Ihrer Website verwenden. Die
AGB zum Beispiel dürfen keine überraschenden Klauseln enthalten – so darf nicht erst aus den AGB erkennbar
werden, dass eine angebotene Dienstleistung etwas kostet. Zudem müssen die AGB wirksam in das Vertragsver-
hältnis eingebunden sein, was nicht selbstverständlich ist.
Ansonsten gelten sie nicht. Auch wenn es ums Marketing
geht, sind rechtliche Vorgaben zu beachten: Benutzen Sie
zum Beispiel die E-Mail-Adresse eines Websitebesuchers,
ohne ihn ausreichend darüber zu informieren beziehungsweise ohne seine explizite Zustimmung, kann das sehr
teuer werden. Und Kunden, die über ihre Widerspruchs-
rechte nicht ausreichend informiert worden sind, können
ihre Bestellungen auch noch zu einem späteren Zeitpunkt
rückgängig machen.

AGB

Falsch formulierte oder zwischenzeitlich durch die Rechtsprechung überholte Klauseln können zudem zu Abmah-
nungen durch Wettbewerber oder findige Anwälte führen.
Gegen die müssen Sie sich dann mithilfe Ihres eigenen
Anwalts verteidigen. Gleiches gilt, wenn Sie Firmen- und
Produktnamen benutzen, die bereits anderweitig verwendet
werden, wenn Angaben im Impressum oder auf dem Briefpapier fehlen sowie wenn Bilder und Texte von Ihnen oder
einem Ihrer Mitarbeiter unberechtigt übernommen werden.
Vielleicht fühlen Sie sich auch selbst in Ihren Rechten ver-
letzt und wollen einen Wettbewerber abmahnen.

**Abmah-
nungen**

Bezahlt ein Kunde seine Rechnungen nicht und wider-
spricht sogar dem von Ihnen erwirkten Mahnbescheid,
brauchen Sie die Hilfe eines Anwalts, um vor Gericht Ihre
Ansprüche durchzusetzen. Genauso kann es vorkommen,
dass Sie selbst in die Lage geraten, unberechtigte Forderungen abwehren zu müssen.

TIPP: SO SCHÜTZEN SIE SICH VOR ÄRGER

Wer sich im Vorfeld bei wichtigen Verträgen mit Kunden, Kooperationspartnern, Lieferanten und Vermietern von einem Anwalt beraten lässt, kann sich Ärger häufig sparen. Denn sind die Verträge rechtssicher, kann sich die Gegenpartei nicht darauf herausreden, ein wichtiger Teil der Vereinbarung sei ungültig oder missverständlich formuliert.

Was die anwaltlichen Dienste kosten

Gebühren-
ordnung

Die Hilfe eines Anwalts ist nicht ganz billig: Wenn nichts anderes vereinbart wurde, wird „nach Gebührenordnung" abgerechnet, was zu nicht genau vorhersehbaren Kosten führt. Versucht man als Gründer dagegen Stundenhonorare zu vereinbaren, so sind Forderungen von 150 Euro und mehr pro Stunde eher Regel denn Ausnahme. Am günstigsten fahren Sie als Gründer meist, wenn Sie Pauschalen vereinbaren, etwa für die Erstellung eines bestimmten Vertrags – allerdings ist nicht jeder Rechtsanwalt dazu bereit. Bedenken Sie bei den Preisverhandlungen, dass die aufgewendete Arbeitszeit zum Honorar in einem für Anwälte üblichen Verhältnis stehen sollte. Unsere Empfehlung: Klären Sie die finanziellen Fragen auf jeden Fall, bevor die Beratung beginnt.

Nutzen Sie auch die Möglichkeit, sich telefonisch beraten zu lassen. Bei vielen Aufgaben, zum Beispiel beim Aufsetzen eines Vertrags, ist es gar nicht nötig, dass Sie sich persönlich mit dem Anwalt treffen.

Empfehlung

Für Gründer ist die Qualität eines Anwalts oft nur schwer zu beurteilen. Ein hohes Stundenhonorar ist längst keine Garantie für zuverlässige Arbeit. Am besten ist es, erfahrenere Selbständige um Empfehlungen zu bitten. Lassen Sie sich dazu konkret schildern, wie die Zusammenarbeit mit dem jeweiligen Anwalt abläuft. Wenn Sie sich entschieden haben, stellen Sie dem Anwalt Ihrer Wahl eine längerfristige Zusammenarbeit in Aussicht. Er wird sich dann mehr Mühe geben, als wenn Sie ihn nur einmalig konsultieren. Bedenken Sie dabei, dass auch Sie einen Partner benötigen, der Sie und Ihre ganz spezielle Situation kennt und Sie daher gut beraten kann.

TIPP: BLEIBEN SIE KRITISCH

Selbst im Rahmen einer vertrauensvollen Zusammenarbeit sollten Sie nicht einfach alle Vorschläge Ihres Anwalts annehmen. Stellen Sie Fragen, wenn Ihnen etwas unklar ist, und versuchen Sie zu verstehen, was die vorgeschlagenen Regelungen bedeuten. Bringen Sie auf den Punkt, was Sie unbedingt regeln möchten, akzeptieren Sie aber auch, dass vielleicht nicht alles, was Sie wollen, zulässig und rechtlich durchsetzbar ist. Mit der Zeit werden Sie die juristischen Folgen Ihres Handelns immer besser begreifen und lernen, Vereinbarungen zu Ihren Gunsten zu gestalten. Zumindest aber werden Sie Haftungsrisiken und unangenehme Überraschungen weitestgehend vermeiden können.

KAPITEL 4

Welche Zahlen sind wichtig für den Erfolg meines Unternehmens?

In diesem Kapitel geht es um den Text- und vor allem den Zahlenteil Ihres Businessplans. Anschließend bestimmen Sie den Unternehmerlohn und damit die Hürde, die Sie mit Ihrem Gewinn über kurz oder lang nehmen müssen, damit Ihr Geschäft tragfähig ist. Der Gewinn selbst errechnet sich als Differenz aus Umsatz und Kosten, deren Planung widmen wir uns im Anschluss.

25. Aus welchen Teilen besteht ein Businessplan?

Ein Businessplan besteht aus:

- Textteil (typischerweise mit einem Textverarbeitungsprogramm wie Word erstellt)

- Zahlenteil (typischerweise mit einem Tabellenkalkulationsprogramm wie Excel erstellt)

- Anlagen (typischerweise Kopien oder auch in Form von Textdokumente)

Gliederung des Textteils Die folgende von uns entwickelte Gliederung des Textteils hat sich innerhalb der letzten Jahre zu einem Standard für Businesspläne entwickelt, mit dem bereits Zehntausende Gründer erfolgreich Förderung beantragt haben. Die Seitenangaben sind zur Orientierung gedacht und können im Einzelfall abweichen.

- Unternehmen und Produkte (zwei Seiten)
- Persönliche Eignung (eine Seite)
- Zielgruppen (zwei Seiten)
- Markt (zwei Seiten)
- Wettbewerb (zwei Seiten)
- Kundennutzen und Positionierung (eine Seite)
- Vertrieb und Kommunikation (zwei Seiten)
- Abläufe und Organisation (eine Seite)
- Zukunftsperspektiven (eine Seite)

Alle Texte unterteilen sich in eine Reihe von Leitfragen, die der entsprechende Abschnitt des Businessplans beantworten sollte, egal wie groß oder klein das Gründungsvorhaben ist. Im ersten Kapitel „Unternehmen und Produkte" beispielsweise sind die folgenden Fragen zu beantworten:

Leitfragen

- Was ist der Unternehmensgegenstand?
- In welcher Branche sind Sie tätig?
- Welche Dienstleistungen/Produkte bieten Sie an?
- Zu welchem Preis beziehungsweise Honorar werden die Produkte/Dienstleistungen angeboten?
- Was verkaufen Sie oder stellen Sie später in Rechnung (Stück, Stunden, Tage, Zeilen, Seiten, Kilometer usw.)?
- Wann wird das Unternehmen gegründet?
- Welche Rechtsform wählen Sie?
- Wo ist der Standort Ihres Unternehmens? Warum wurde dieser gewählt?

TIPP: HILFE BEIM ERSTELLEN DES EIGENEN BUSINESSPLANS

Viele Gründer wünschen sich vorbildliche Businesspläne als Ausgangspunkt für den eigenen Plan. Im Buch von Andreas Lutz und Christian Bussler „Die Businessplan-Mappe" finden Sie 40 Beispiele aus der Praxis. Die Autoren kommentieren jeweils, ob alle Leitfragen ausreichend beantwortet sind, und erklären, was man hätte besser machen können.

„Executive Summary"

Bei größeren Vorhaben und vor allem bei solchen, für die ein Bankkredit beantragt wird, sollte dem Textteil ein „Executive Summary" vorangestellt werden. Es fasst die wichtigsten Informationen und Argumente auf ein bis zwei Seiten zusammen. Der Banker wird oft nur diese Zusammenfassung lesen und schon dann entscheiden, ob er Ihren Antrag ablehnt. Wenn das Executive Summary hingegen sein Interesse weckt, haben Sie die Chance auf eine Finanzierung. Arbeiten Sie also sorgfältig und nehmen Sie sich ausreichend Zeit beim Formulieren.

Zahlenteil

Der Zahlenteil des Businessplans gibt Ihre Pläne in Form konkreter Zahlen wieder: als Umsätze, Kosten und Gewinne. Alle Maßnahmen, die Sie im Textteil beschreiben, sollten sich hier wiederfinden, etwa die Einstellung eines Mitarbeiters. Die einmaligen und laufenden Kosten durch die Einstellung und zeitlich verzögert die zusätzlichen Umsätze sollen in Ihrer Planung auftauchen. Ein typischer Zahlenteil besteht aus folgenden Teilen:

- Finanzplanung: Woher kommt wie viel Geld zur Finanzierung des Vorhabens?

- Umsatzplanung: Welche Produkt(-gruppen) gibt es und wie entwickeln sich die verkauften Mengen und Preise im Zeitablauf? (→ 28. Wie kann ich den Umsatz vorausplanen?)

- Investitionsplan: Summe der einmaligen Ausgaben

- Kostenplan: Höhe der laufenden und variablen Kosten (→ 27. Welche Kosten muss ich unterscheiden?)

- Gewinn- und Rentabilitätsplan: Welcher Überschuss bleibt nach Abzug der Ausgaben von den Einnahmen?

- Liquiditätsplanung: Wann genau kommt es zu Ein- und Auszahlungen? Genügt die Finanzierung, um zu jedem Zeitpunkt zahlungsfähig zu sein?

Der Businessplan wird durch die Anlagen vervollständigt. **Nachweise**
Das können zum Beispiel Zeugnisse, Genehmigungen und Nachweise, die Kopie der Gewerbeanmeldung oder bei Freiberuflern die Anmeldung beim Finanzamt, Nachweise über Finanzierungsmittel oder Fotos sein, die quasi als Nachweis für Aussagen dienen, die Sie im Text- oder Zahlenteil getroffen haben. So können Sie auch Inhalte mitschicken, die den Rahmen des Textteils gesprengt hätten, Ihrer Ansicht nach aber zum Verständnis des Businessplans beitragen.

26. Wie viel Geld brauche ich zum Leben?

In diesem Abschnitt geht es um den „kalkulatorischen Unternehmerlohn". Er ist der Maßstab dafür, ob der von Ihnen erzielte Gewinn ausreicht, um davon angemessen leben zu können und zugleich die Steuern und Kosten der sozialen Absicherung zu bezahlen. Mit dem Unternehmerlohn legen Sie die Hürde fest, die Sie früher oder später nehmen müssen, damit die Gründung tragfähig ist. Wie hoch diese Hürde ist, bestimmen Sie zu einem großen Teil selbst.

Wie wird der kalkulatorische Unternehmerlohn bestimmt?

Hürde für die Tragfähigkeit

Sie können die Höhe des kalkulatorischen Unternehmerlohns auf zwei unterschiedliche Arten bestimmen: erstens über Vergleichsgehälter und zweitens über die Ausgaben, die gedeckt werden müssen.

GUT ZU WISSEN

Geld zum Leben

Wie der Name schon sagt: Der kalkulatorische Unternehmerlohn ist eine Plangröße; diese Summe wollen Sie sich auszahlen und sollten es auch tun, damit Sie Ihre laufenden privaten Ausgaben decken können. Der Betrag, den Sie sich tatsächlich überweisen, nennt man beim Einzelunternehmer „Privatentnahme", bei der GbR „Vorabentnahme".

Vergleichsgehälter

Bei der ersten Variante rechnen Sie aus, wie viel Sie in einer vergleichbaren Angestelltentätigkeit verdienen würden. Angenommen, Sie könnten als Angestellter ein Bruttogehalt von 3.600 Euro plus Urlaubs- und Weihnachtsgeld (je ein halbes Monatsgehalt) erzielen. Wie hoch müsste Ihr kalkulatorischer Unternehmerlohn sein, damit Sie in etwa genauso viel verdienen?

Teilen Sie zunächst das Urlaubs- und das Weihnachtsgeld (macht zusammen ein 13. Monatsgehalt aus) auf zwölf Monate auf. Dadurch ergibt sich ein Zuschlag von 300 Euro auf das angepeilte monatliche Bruttoeinkommen. Wenn Sie gesetzlich sozialversichert sind, kommen für die Sozialversicherung Kosten von rund 21 Prozent des Monatsgehalts hinzu. Der Arbeitgeberanteil beträgt 3.900 Euro x 21 Prozent = 819 Euro. Die Gesamtbelastung des Arbeitgebers liegt somit bei 3.900 Euro + 819 Euro = 4.719 Euro.

Nun können Sie noch in Betracht ziehen, dass Sie als Angestellter in den Genuss einiger Vorteile kommen, oft gewähren die Arbeitgeber weitere Sozialleistungen. Die Arbeitszeit und das Beschäftigungsrisiko sind häufig niedriger als bei Selbständigen. Dagegen können Sie sich als Selbständiger die Zeit frei einteilen, die Sozialversicherung frei wählen und steuerliche Gestaltungsmöglichkeiten ausnützen. Machen Sie also einen Zu- oder Abschlag – oder belassen Sie es bei dem errechneten Unternehmerlohn in Höhe von 4.700 Euro.

Bei der zweiten Variante dienen Ihre laufenden privaten Ausgaben zur Orientierung. Im Mittelpunkt steht hier die Frage: Wie viel brauche ich zum Leben? Ihre Lebenshaltungskosten sind die absolute Untergrenze für den kalkulatorischen Unternehmergewinn. Selbst wenn Sie bereit sind, sich vorübergehend einzuschränken: Rechnen Sie ganz genau und ehrlich Ihr eigenes Existenzminimum aus und gehen Sie dabei von Ihrem gewohnten Lebensstandard und Ihren Verpflichtungen aus.

Ihre Ausgaben

Machen Sie dazu in einem ersten Schritt einen gründlichen Kassensturz und listen Sie detailgenau jede Ausgabenkategorie auf, zum Beispiel Nahrungsmittel, Bekleidung, Wohnen, Auto und öffentliche Verkehrsmittel, Versicherungen aller Art, Sport und Freizeit. Werten Sie dazu Ihre Kontoauszüge der vergangenen zwölf Monate aus und notieren Sie sich, auf welche Ausgaben sich das Geld verteilt, das Sie bei der Bank abheben.

Wenn Sie Ihre Lebenshaltungskosten (privaten Konsumausgaben) geschätzt haben, müssen Sie noch die Aufwendungen für Ersparnisbildung, private oder gesetzliche Sozialversicherung und Steuern dazurechnen, um schließlich den kalkulatorischen Unternehmerlohn zu erhalten. Nun stehen Sie vor dem Problem, dass die Höhe der gesetz-

105

lichen Sozialversicherung und der Steuern von der Höhe des kalkulatorischen Unternehmerlohns abhängen, den Sie ja gerade bestimmen möchten! Spielen Sie daher am besten am Computer verschiedene Einkommensszenarien durch. Wie hoch die gesetzlichen Sozialversicherungsbeiträge in Abhängigkeit vom erwarteten Gewinn sind, müssen Sie selbst berechnen (→ 37. Muss ich weiter in die Sozialversicherung einzahlen und wenn ja, wie viel?). Ihre Steuerbelastung finden Sie mithilfe des Steuerrechners unter www.gruendungszuschuss.de/steuerrechner im Internet heraus.

TIPP: WIE SIE EINKOMMENSABWEICHUNGEN BEGRÜNDEN

Sie wollen Gründungsförderung für Ihr geschäftliches Vorhaben beantragen? Mit dem kalkulatorischen Unternehmerlohn bestimmen Sie selbst, wie hoch die Hürde ist, die Ihr Businessplan im Rahmen der Tragfähigkeitsprüfung mittelfristig nehmen muss. Abweichungen vom bisherigen Einkommen können Sie zum Beispiel damit begründen, dass Sie weniger arbeiten wollen, sich in einer neuen Branche erst bewähren müssen oder einen finanziellen Ausgleich für die Hausarbeit erhalten, die Sie innerhalb der Familie übernehmen. Bremsen Sie aber auch nicht Ihren Ehrgeiz, indem Sie die Hürde zu niedrig legen.

Privatentnahmen

Erforderliche Summe

Der kalkulatorische Unternehmerlohn hat eine Entsprechung im Liquiditätsplan: die Privatentnahme; diese Beträge sind gleich hoch und geben die Summe wieder, die Sie monatlich für Ihre Lebenshaltungskosten, Ihre Sozialversicherungsbeiträge und als Rücklagen für Steuerzahlungen benötigen. Diese Ausgaben müssen von Anfang an entweder durch den Gewinn, den Sie erzielen, oder durch Privateinlagen, die Ihnen sicher zur Verfügung stehen, gedeckt sein.

27. Welche Kosten muss ich unterscheiden?

Jeder angehende Unternehmer will und muss wissen, wie viel Gewinn (Betriebseinnahmen abzüglich -ausgaben) er tatsächlich erzielen wird. Wie Sie die Einnahmen vorausplanen können, erfahren Sie im nächsten Abschnitt. Nun geht es erst einmal darum, welche Kosten Sie unterscheiden müssen und in welcher Höhe Sie diese in Ihrem Kostenplan für die ersten zwölf Monate ansetzen. Grundsätzlich zu unterscheiden sind einmalige Ausgaben, fixe und variable Kosten.

Einmalige Kosten in der Anlaufphase

Zu den einmaligen Kosten zählen typischerweise die Gründungskosten, zum Beispiel für Anmeldungen, Genehmigungen, Workshops und Beratungen, Provision und Kaution für Büro oder Laden und die Ausgaben für die eigentlichen Investitionen, die abgeschrieben werden. Darunter fallen alle größeren einmaligen Anschaffungen wie Maschinen, Computer, Telefon, Firmenwagen und Büromöbel.

Abschreibung laut AfA-Tabelle

Beachten Sie, dass Anschaffungskosten entsprechend der Nutzungsdauer auf mehrere Jahre aufgeteilt werden und den Gewinn beispielsweise über drei Jahre (PC/Laptop), sechs Jahre (Pkw) oder 13 Jahre (Büromöbel) mindern. Die Abschreibungszeiträume sind durch die AfA-Tabellen vorgegeben. Bei den sogenannten geringwertigen Wirtschaftsgütern kommt neben der normalen Abschreibungsmöglichkeit nach der AfA-Tabelle ein Wahlrecht hinzu (→ 32. Welche Anschaffungen muss ich über mehrere Jahre abschreiben, welche kann ich sofort absetzen?).

Zudem gehören Kosten für Waren- oder Materiallager – falls Sie Händler, Gastronom oder Handwerker sind – zu den einmaligen Kosten. Schließlich brauchen Sie zum Start eine Grundausstattung. Damit Sie einen Puffer für unvorhergesehene Ausgaben haben, raten wir Ihnen, bei den einmaligen Ausgaben einen Sicherheitsaufschlag von zehn Prozent einzuplanen.

Fixe Kosten – so wenig wie nötig

Feste monatliche Ausgaben

Fixe Kosten sind feste monatliche Ausgaben, die immer anfallen – ganz gleich, wie viele Tage Sie für Ihre Kunden arbeiten oder wie viele Artikel Sie verkaufen. Das sind quasi die Kosten der Betriebsbereitschaft, hauptsächlich die Personalkosten, Zinsen und Abschreibungen. Bei kleinen Gründungen machen vor allem die sogenannten sonstigen Kosten den Großteil der Fixkosten aus:

- Miete und Nebenkosten für Büro oder Laden
- Marketing- und Werbekosten
- Geschenke an Kunden und Geschäftspartner
- Bewirtungskosten
- Versicherungen und Mitgliedsbeiträge, darunter auch betriebliche Versicherungen wie Betriebs- und Berufshaftpflicht, ebenso Mitgliedsbeiträge für Berufsverbände
- Kfz-Kosten für den Firmen-Pkw oder die geschäftliche Nutzung des privaten Pkw
- Sonstige Reisekosten für alle anderen Verkehrsmittel sowie Hotelkosten und Verpflegungsmehraufwendungen
- Instandhaltungsaufwendungen
- Porto- und Kurierkosten
- Hostingkosten für den Betrieb Ihrer Website

- Bürobedarf
- Weiterbildung
- Ausgaben für Beratung
- Kontoführung

Variable Kosten – so viel wie möglich

Anders als die fixen Kosten hängen die variablen Kosten von Ihrem Umsatz ab. Mit einem Auftrag können Kosten für freie Mitarbeiter anfallen, die Sie einsetzen, für Material, das Sie weiterverarbeiten, oder für Waren, die Sie weiterverkaufen. Ihr Risiko bei den variablen Kosten ist sehr gering: Ist Ihre Auftragslage flau, werden Sie auch nicht mit den entsprechenden Ausgaben belastet. Zu den variablen Kosten zählen die Ausgaben für Wareneinsatz und Material, Honorare für freie Mitarbeiter, Fertigungslöhne, Provisionen sowie Abrechnungsgebühren, zum Beispiel für Kreditkartenzahlungen.

Abhängig vom Umsatz

> ### TIPP: HALTEN SIE IHRE KOSTEN VARIABEL
>
> In der ersten Euphorie begehen viele Gründer den Fehler, dass sie sich von Anfang an mit zu hohen Fixkosten belasten. Unnötige Anschaffungen wie ein teures Auto und hohe laufende Verpflichtungen, etwa für ein exklusives Büro, werden zum Problem, weil es länger dauert, bis sie Gewinn machen und ihren Lebensunterhalt decken können. Hier einige Tipps, wie Sie Ihre laufenden Belastungen niedrig halten:
> - Bürogemeinschaft statt eigenes Büro: Diese Lösung ist in der Regel günstiger und flexibler, als selbst Räumlichkeiten anzumieten.
> - Nutzen Sie einen Mietwagen für geschäftliche Termine, anstatt sich ein eigenes Auto zu kaufen.
> - Beschäftigen Sie freie Mitarbeiter statt Festangestellte.
> - Vereinbaren Sie erfolgsabhängige Provisionen statt fixer Bezahlung mit Marketing- und Vertriebspartnern.

Kostenplanung für das erste Jahr

Durch-
schnitts-
werte

In der Regel lassen sich die Kosten, anders als der Umsatz, relativ genau voraussagen, weil Sie Angebote einholen und Preise vergleichen können. Im Kostenplan für das erste Jahr legen Sie Durchschnittswerte bei den einzelnen Ausgabenposten fest. Planen Sie mit Sicherheitspuffer und setzen Sie die laufenden Ausgaben ruhig etwas höher an, als Sie es erwarten. Die Erfahrung hat gezeigt, dass im ersten Jahr mit dem Umsatz auch die Ausgaben rasch ansteigen. So setzt sich der Kostenplan für das erste Jahr zusammen:

- Variable Kosten
- Personalkosten ohne Unternehmerlohn
- Sonstige Betriebsausgaben
- Zinsen
- Abschreibungen

Einspar-
potenzial
finden

Die Summe aus diesen fünf Posten ergibt die monatlichen Kosten, die Sie voraussichtlich zu tragen haben. Gehen Sie diese Aufstellung in Ruhe durch und überlegen Sie bei jeder Position, ob sie gerechtfertigt ist oder ob sie Einsparpotenzial birgt. Gerade unter den fixen Kosten finden sich oft Kostenfresser, die Ihre monatlichen Belastungen unnötig in die Höhe treiben.

28. Wie kann ich den Umsatz vorausplanen?

Sie wissen nun, welche Kosten auf Sie zukommen, demgegenüber steht der Umsatz, den Sie im selben Zeitraum erzielen werden. Auch ihn müssen Sie möglichst genau einschätzen, schließlich wollen Sie Klarheit darüber, ob Ihr Vorhaben tragfähig ist und Sie einen Gewinn erzielen. Wichtig: Umsatz ist nicht gleich Gewinn – das wird immer wieder verwechselt: Der Gewinn ist die Differenz zwischen Umsatz und Kosten.

Wir raten Ihnen, den Umsatz für die ersten zwölf Monate nach der Gründung monatsgenau einzutragen. Für das zweite und dritte Jahr reicht eine Schätzung für das ganze Jahr aus. Ihren zukünftigen Umsatz zu beziffern, mag Ihnen sehr schwierig erscheinen. Wir können Sie beruhigen: Es gibt Möglichkeiten, eine solide und realistische Umsatzplanung zu erstellen.

Die Preise bestimmen

Wenn Sie sich für ein Geschäftsmodell entschieden haben, dann wissen Sie auch ungefähr, welche Menge – in Stunden, Tagen, als Umsatz oder Bestand – Sie zu welchem Preis – als Stunden-/Tagessatz, Handelsspanne, Provision oder Bestandsrendite – an den Kunden bringen müssen, damit Ihr Einkommen Ihre Lebenshaltungskosten deckt. Bestimmen Sie jetzt noch den Preis pro Einheit, um Ihren Umsatz verlässlich planen zu können.

Preis pro Einheit

Welchen Preis Sie erzielen können, ist in vielen Fällen von außen vorgegeben. Wer als freier Mitarbeiter oder als Handelsvertreter für größere Organisationen arbeitet, legt meist einen festen Stundensatz oder eine Prozentstaffel fest. Steuerberater, Architekten oder Ärzte sind beispielsweise an eine Gebührenordnung gebunden.

Gehören Sie keiner dieser Berufsgruppen an, müssen Sie selbst Ihren Preis festlegen. Dafür wird als Faustregel zwar immer wieder angegeben, dass der Preis eines Produkts oder einer Dienstleistung alle entstehenden Kosten decken

Recherche zum Preisgefüge

111

und zusätzlich Gewinn einbringen muss. Doch es stellt sich auch die Frage, wie viel dem Kunden ein Angebot wert ist und wie sich Qualität und sämtliche weiteren Kriterien tatsächlich greifbar machen lassen.

Von Vorteil ist es, wenn Sie die Branche, in der Sie selbständig tätig werden, kennen, denn dann ist Ihnen das Preisgefüge bereits bekannt. Unter Umständen können Sie auch (ehemalige) Kollegen dazu befragen. Wechseln Sie dagegen die Branche, könnten Sie sich zum Beispiel an einen Wettbewerber aus einer anderen Region wenden, zu dem Sie nicht in direkter Konkurrenz stehen, um sich auszutauschen.

TIPP: QUELLEN FÜR DIE PREISRECHERCHE

Wenn Sie mehr über das Preisgefüge in Ihrer Branche erfahren wollen, konsultieren Sie Berufsverbände, berufliche Organisationen und Dienstleister, spezialisierte Berater, Personalvermittler und Projektbörsen. Nutzen Sie auch die wichtigsten Fachzeitschriften, um sich zu informieren.

Preisstrategie für den Start

Hoher Stundensatz
Für Dienstleister, die hauptsächlich ihre eigene Arbeitszeit verkaufen, besteht die wichtigste Preisstrategie darin, einen möglichst hohen Stundensatz durchzusetzen. Das ist gerade zu Anfang nicht immer leicht: Wenn Sie zu billig einsteigen, wird es später schwierig, einen höheren Preis durchzusetzen. Und wenn Sie zu viel verlangen, müssen Sie vielleicht sehr lange akquirieren, bis Sie erste Aufträge erhalten.

Unser Rat: Setzen Sie zunächst ruhig einen eher niedrigen Stundensatz an. Die Hauptsache ist erst einmal, dass Sie überhaupt Aufträge bekommen. Das ist allemal besser, als viel Zeit in die Akquise von Aufträgen mit hoch kalkulierten Preisen zu investieren, dann aber doch nur wenig Arbeit zu haben. Bedenken Sie, dass Sie so auch erste Gelegenheiten bekommen, Kunden von der Qualität Ihrer Arbeit oder Ihres Produkts zu überzeugen. Bieten Sie zum Beispiel einen Schnupperpreis an oder einen Probeauftrag, für den der Kunde nur bezahlen muss, wenn er mit der Leistung oder dem Produkt zufrieden ist. Für solche Maßnahmen müssen Sie weniger Zeit aufwenden als für die Akquise und können deutlich schneller für Kunden aktiv werden. Begrenzen Sie den Umfang Ihres Kennenlernangebots aber klar und deutlich, damit Sie nicht darauf festgelegt sind.

So wird der Umsatz berechnet

Wenn Sie vor allem Ihre Arbeitszeit verkaufen, notieren Sie sich als Erstes, wie viele Arbeitstage der zu schätzende Monat hat. Ziehen Sie von den regulären Arbeitstagen jeweils anteilig Ihre Urlaubstage und einen Puffer für Krankheit und Unvorhergesehenes ab. An den verbleibenden Tagen arbeiten Sie – allerdings oft noch nicht umsatzwirksam, denn gerade am Anfang stehen vor allem Akquise und Administration an. Teilen Sie also Ihre Arbeitszeit nun noch in unbezahlte und bezahlte Tage ein. Typischerweise werden im Lauf der ersten Monate nach der Gründung die Akquisetage weniger und die umsatzwirksamen Tage mehr. Ihren Umsatz schätzen Sie dann, indem Sie die umsatzwirksamen Tage mit Ihrem Tagessatz multiplizieren. So ergibt sich Ihr geplanter Umsatz für einen Monat.

Umsatzwirksame Tage

Im folgenden Beispiel wird davon ausgegangen, dass der Gründer seine Arbeitszeit verkauft. Ersetzen Sie „Tage" durch „Stück" oder andere Größen, die Ihrem Geschäftsmodell entsprechen.

113

Umsatzplanung anhand von Projekten/Kunden				
Monat ab Gründung		1	2	3
Monat kalendarisch		Dez	Jan	Feb
Gegencheck zur Umsatzplanung (Tage)				
Auftraggeber 1/ Projekt 1	Akquise	1	1	
	Umsatz	2	1	
Auftraggeber 2/ Projekt 2	Akquise	2	1	1
	Umsatz		1	2
Auftraggeber 3/ Projekt 3	Akquise	1	1	
	Umsatz		1	2
Auftraggeber 4/ Projekt 4	Akquise		1	1
	Umsatz			2
Sonstige Akquise/ Aufträge		14	13	12
Summe Akquisetage		18	17	14
Summe umsatz- wirksame Tage		2	3	6
Arbeitstage insgesamt		20	20	20

Typische Muster bei der Umsatzentwicklung

Blick in die Zukunft

Viele Gründer sind unsicher, wie sich ihr Umsatz entwickeln wird. Natürlich ist jedes Geschäftsvorhaben anders, sodass sich eine zuverlässige Aussage über Auftragsvolumen und Kundenzahl im Vorfeld nicht treffen lässt. Dennoch ist es hilfreich, einige typische Muster bei der Umsatzentwicklung zu kennen:

- Wenn irgend möglich, sollten die Gründungsvorbereitungen so weit abgeschlossen sein, dass Sie bereits im ersten Monat Umsätze erzielen. Am besten bringen Sie Ihren ersten Kunden in die Selbständigkeit mit und gewinnen allmählich weitere Kunden dazu.

- Am Anfang haben Sie noch viel Zeit für die Akquise und gewinnen idealerweise laufend neue Kunden hinzu. Später wird Ihre Zeit nur noch ausreichen, um aus dem Bestand verlorene Kunden zu ersetzen. Oder Sie haben gar keine Zeit mehr zu akquirieren, weil Sie so gut ausgelastet sind – anschließend tut sich aber eine Durststrecke auf, weil Sie erst wieder neue Aufträge gewinnen müssen.

- Solange Sie allein arbeiten, ist der Umsatz durch Ihre eigene Arbeitszeit beschränkt. Wollen Sie freie Mitarbeiter oder Angestellte beschäftigen, brauchen Sie zunächst einmal Zeit für die Suche und die Einarbeitung.

- Steigt Ihre Auslastung, können Sie darüber nachdenken, Ihre Preise anzuheben. Gerade Gründer, die ohne Kunden dastehen, nehmen auch schlecht bezahlte Referenzprojekte an. Bei erfolgreicher Geschäftsentwicklung erhöhen sie nach und nach ihre Preise.

- Beachten Sie saisonale Entwicklungen, die es in vielen Branchen gibt; das gilt insbesondere bei der Wahl des Gründungszeitpunkts. Während eine Skischule am besten vor Beginn der Wintersportsaison durchstartet, beginnt ein Café mit seinem Geschäft am besten im Frühjahr, weil im Sommer auf der Terrasse ein Großteil des Jahresumsatzes erwirtschaftet wird.

KAPITEL 5

Was muss ich über Steuern, Rechnungen und sonstige rechtliche Verpflichtungen wissen?

Damit Geld in die Kasse kommt, müssen Sie Ihre Rechnungen zeitnah und korrekt stellen und auch dafür sorgen, dass sie bezahlt werden. Wie das geht, erklären wir Ihnen. Zudem müssen Sie wissen, wie sich aus dem erzielten Umsatz der Gewinn ermitteln lässt und welche Besonderheiten es dabei zu beachten gilt, etwa hinsichtlich Abschreibungen, Firmenwagen, Bewirtungen, Geschenken usw. Außerdem geht es in diesem Kapitel darum, was Sie neben dem Lebensunterhalt mit dem Ihnen verbleibenden Geld noch zu zahlen haben, zum Beispiel Steuern und Sozialversicherungsbeiträge.

29. Wie ermittle ich den Gewinn für das Finanzamt?

Ordentliche Buchführung

Das Finanzamt ist an einer ordentlichen Buchführung interessiert, um die Berechnungsgrundlage für die Besteuerung zu sichern. Auch Banken und andere Kapitalgeber legen sehr großen Wert auf eine zeitnahe Buchführung, weil sie damit einen potenziellen Kreditnehmer besser einschätzen können. Und schließlich nützt die Aufstellung Ihrer Einnahmen und Ausgaben auch und vor allem Ihnen selbst, denn so behalten Sie den Überblick über die Entwicklung Ihres Unternehmens.

Beachten Sie, dass es zwei Varianten der Gewinnermitt- Zwei
lung gibt: die Einnahmen-Überschuss-Rechnung und die Varianten
Bilanzierung. Letztere ist sehr viel aufwendiger und die
Kosten für den Steuerberater sind hierbei typischerwei-
se doppelt so hoch wie bei der Einnahmen-Überschuss-
Rechnung.

Zur Erstellung einer Bilanz und zur doppelten Buchführung sind verpflichtet:

- Ins Handelsregister eingetragene Unternehmen (zum
  Beispiel GmbHs, UGs, freiwillig ins Handelsregister
  eingetragene Einzelunternehmer)

- Unabhängig von der Rechtsform: Gewerbebetriebe mit
  einem Jahresgewinn über 50.000 Euro oder einem Jah-
  resumsatz über 500.000 Euro.

Wenn Sie einen höheren Kredit beantragen wollen, informieren Sie sich vorab: Häufig erwarten Banken, dass Sie
dann Bilanzen vorlegen. Sind Sie Freiberufler und nicht ins
Handelsregister eingetragen, müssen Sie auf keinen Fall bi-
lanzieren, unabhängig von Ihrem Umsatz oder Gewinn. Auf
freiwilliger Basis ist die Bilanzierung jederzeit möglich.

So funktioniert die Einnahmen-Überschuss-Rechnung

Wenn Sie Ihre Kontoauszüge und Belege sauber abgelegt
haben und diese von Ihnen oder Ihrem Steuerberater korrekt mit einem Buchhaltungsprogramm erfasst wurden,
lassen sich mit einem Klick eine EÜR und auch alle anderen benötigten Berichte und Formulare erstellen. Die EÜR
muss seit 2005 nach Vorgabe eines amtlichen Formulars
erfolgen, damit kann das Finanzamt alle Informationen
unmittelbar weiterverarbeiten. Die Daten lassen sich auf

diese Weise gut untereinander vergleichen und können Plausibilitätstests unterzogen werden. Bei Abweichungen schaut das Finanzamt genauer hin.

Gewinn oder Verlust

Bei der EÜR werden Ihre Betriebseinnahmen den Betriebsausgaben gegenübergestellt. Daraus ergibt sich der zu versteuernde Gewinn oder ein Verlust. Bei den Einnahmen und Ausgaben kommt es darauf an, dass die Zahlung im laufenden Geschäftsjahr erfolgt ist; wann die Rechnung gestellt wurde, ist nicht relevant.

Was sind die Unterschiede zur Bilanzierung?

In die EÜR gehen nur Ihre Einnahmen und Ausgaben ein. Falls Sie zur Bilanzierung verpflichtet sind, müssen Sie zudem nachweisen, was die Firma an Vermögenspositionen angesammelt hat und wie sie sich finanziert. Zu diesem Zweck werden in einer Bilanz die Aktiva und die Passiva gegenübergestellt:

- Die Aktiva (linke Seite) sind die Vermögenswerte des Unternehmens.

- Die Passiva (rechte Seite) zeigen getrennt nach Fremd- und Eigenkapital, wie das Unternehmen finanziert ist.

Parallel zur Bilanz erstellen Sie eine Gewinn-und-Verlust-Rechnung (GuV). Hier muss dasselbe Ergebnis wie bei der Bilanz herauskommen.

Erträge und Aufwendungen

Die GuV ähnelt der EÜR. Jedoch werden nicht Ausgaben von Einnahmen abgezogen, sondern Aufwendungen von Erträgen. Während bei der EÜR ausschließlich anhand des Zahlungszu- beziehungsweise -abflusses (Einnahmen und Ausgaben) gebucht wird, kommt es bei der GuV darauf an, wann die zugrunde liegende Leistung erbracht (Aufwand) und in Rechnung gestellt wurde (Ertrag).

Überblick und Kontrolle zugleich: die BWA

Die betriebswirtschaftliche Auswertung (BWA) ist ein wichtiges Instrument, um einen detaillierten Überblick über die Kosten-, Umsatz- und Gewinnsituation Ihres Unternehmens zu erhalten. Kleinunternehmen mit einfacher Buchführung nutzen die BWA selten, obwohl sie ein wichtiges Kontrollinstrument ist: Denn damit werden Sie über die betriebliche Entwicklung informiert und können die Zahlen aus verschiedenen Zeiträumen vergleichen. Wenn Sie ein Buchhaltungsprogramm benutzen, ist es jederzeit möglich, per Knopfdruck eine BWA auf Basis der zuvor eingegebenen Buchungen zu erstellen. Steuerberater geben diese monatlich, viertel- oder halbjährlich an ihre Mandanten weiter, je nachdem, wie häufig die Kunden ihre Belege einreichen.

30. Wie funktioniert das mit der Umsatzsteuer?

Als Unternehmer sind Sie grundsätzlich verpflichtet, Ihren Kunden Umsatzsteuer in Rechnung zu stellen und diese im Rahmen der regelmäßigen Umsatzsteuervoranmeldungen an das Finanzamt abzuführen. Tätigen Sie eine Ausgabe für Ihre Firma und bezahlen dabei Umsatzsteuer – aus Ihrer Perspektive Vorsteuer –, so können Sie diese mit Ihrer Umsatzsteuerschuld gegenüber dem Finanzamt verrechnen. Wenn Sie in einem Monat mehr Umsatzsteuer bezahlen als Sie einnehmen, bekommen Sie sogar eine Erstattung.

Verpflichtung

Der allgemeine Umsatzsteuersatz beträgt in Deutschland 19 Prozent. Für bestimmte Waren und Leistungen gibt es einen ermäßigten Steuersatz von sieben Prozent, zum Beispiel für Lebensmittel, Bücher und Zeitschriften, Kunst-

Umsatzsteuersatz

gegenstände und kunstgewerbliche Waren, Pflanzen und Tiere, Taxifahrten sowie Fahrkarten des öffentlichen Nahverkehrs einschließlich Bahnfahrten bis 50 Kilometer.

BEISPIEL: UMSATZSTEUERBERECHNUNG

Im September bezahlen Ihre Kunden Rechnungen über 6.000 Euro zuzüglich 1.140 Euro Umsatzsteuer. Im gleichen Monat begleichen Sie Eingangsrechnungen in Höhe von 5.000 Euro zuzüglich 950 Euro Umsatzsteuer. An das Finanzamt müssen Sie die Differenz von 190 Euro abführen.

Eine vollständige Umsatzsteuerbefreiung gilt für

- bestimmte Leistungen, zum Beispiel Finanzdienstleistungen, Kreditzinsen, Versicherungsleistungen oder auch für Briefmarken.

- bestimmte Berufe und Einrichtungen, zum Beispiel Ärzte, Zahnärzte, Heilpraktiker, Physiotherapeuten, Hebammen, Krankenhäuser, kulturelle Einrichtungen, staatlich anerkannte Schulen.

- Selbständige, die das Kleinunternehmerprivileg in Anspruch nehmen.

- Geschäfte mit privaten Kunden.

- Lieferungen und Leistungen an Unternehmen mit einer Umsatzsteuer-ID im EU-Ausland.

GUT ZU WISSEN

Brutto und netto

Brutto und netto sind Abkürzungen für „inklusive Umsatzsteuer" und „exklusive Umsatzsteuer". Bei einer Rechnung über 100 Euro zuzüglich 19 Prozent Umsatzsteuer ist 119 Euro der Bruttobetrag, 100 Euro der Nettobetrag. Und so berechnen Sie die enthaltene Mehrwertsteuer aus einem Bruttobetrag: Dividieren Sie den Bruttobetrag durch 1,19 (ergibt den Nettobetrag) und multiplizieren diesen anschließend mit 0,19 (ergibt die Umsatzsteuer).

Die Kleinunternehmerregelung

Als Kleinunternehmer können Sie sich von der Umsatzsteuer befreien lassen. Voraussetzung: Ihr auf das Kalenderjahr gerechneter Gesamt*umsatz* beträgt weniger als 17.500 Euro im Vor- beziehungsweise Gründungsjahr und im aktuellen Kalenderjahr voraussichtlich weniger als 50.000 Euro.

Bitte beachten Sie: Wenn Sie – ganz gleich aus welchem Grund – von der Umsatzsteuer befreit sind, dann gilt für Sie die Faustregel „brutto gleich netto". Wenn Sie Rechnungen schreiben, dürfen Sie keine Mehrwertsteuer erheben, können aber auch die von Ihnen bezahlte Vorsteuer nicht geltend machen.

„Brutto gleich netto"

Die Umsatzsteuerbefreiung lohnt sich nur, wenn Sie in erster Linie private Kunden haben, für die es – im Gegensatz zu Firmenkunden – einerlei ist, ob im Preis Mehrwertsteuer enthalten ist oder nicht. Für Sie selbst spielt es sehr wohl eine Rolle, ob die 30 Euro, die Sie pro Stunde Fremdsprachenunterricht erhalten, ohne Abzug bei Ihnen ankommen oder nur der um die Umsatzsteuer geminderte Betrag von 25,21 Euro. Auch wenn aufgrund großer Investitionen hohe Vorsteuerbeträge anfallen, sollten Sie überlegen, ob Sie besser auf die Kleinunternehmerregelung verzichten wollen. Ihre Entscheidung fällen Sie im Rahmen der steuerlichen Anmeldung.

Wofür brauche ich eine Umsatzsteuer-ID?

Eine Umsatzsteuer-Identifikationsnummer (UID) brauchen Sie in erster Linie, damit Sie bei Käufen im Ausland keine Umsatzsteuer zahlen müssen. Die UID zeigt Ihrem Lieferanten, dass Sie Unternehmer sind, er kann die Ware dann umsatzsteuerfrei abgeben. Umgekehrt benötigen Sie

Keine Umsatzsteuer innerhalb der EU

eine UID, um an einen gewerblichen Kunden in der europäischen Union umsatzsteuerfrei liefern zu können.

Die UID besteht aus einem zweistelligen Ländercode und in Deutschland einer neunstelligen Zahl. Sie können sie bei der steuerlichen Anmeldung mitbeantragen oder – falls Sie das versäumt haben – nachträglich kostenlos beim Bundeszentralamt für Steuern unter www.bzst.bund.de anfordern. Geben Sie auf der Rechnung Ihre UID und nicht Ihre persönliche Steuernummer an, da diese missbraucht werden könnte, um Auskünfte über Ihre finanziellen Verhältnisse beim Finanzamt zu erfragen.

Umsatzsteuervoranmeldung

Monatliche Abgabe

Sie als Existenzgründer – Kleinunternehmer ausgenommen – sind dazu verpflichtet, Ihre Umsatzsteuervoranmeldung monatlich abzugeben. Darin erklären Sie sowohl die Umsatzsteuer, die Sie eingenommen haben, als auch die Vorsteuer, die Sie bei Ihren Einkäufen bezahlt haben. Die Differenz aus Umsatzsteuer und Vorsteuer führen Sie dann an das Finanzamt ab.

Achtung: Ihre Voranmeldung muss bis zum Zehnten des Folgemonats beim Finanzamt sein. Das bezieht sich nicht nur auf die Zahlen, die Sie elektronisch übermitteln müssen (amtlicher Vordruck im Internet unter www.elster.de), sondern auch auf das Geld, das Sie schulden. Dazu einige Tipps:

- Gründer müssen in den ersten zwei Kalenderjahren ihre Umsatzsteuervoranmeldungen monatlich abgeben.

- Gleich nach der Gründung sollten Sie eine Dauerfristverlängerung beim Finanzamt beantragen. Vorteil: Sie gewinnen einen ganzen Monat, weil Voranmeldung und

Geld erst am Zehnten des übernächsten Monats eintreffen müssen.

- Erteilen Sie dem Finanzamt eine Einzugsermächtigung für die Umsatzsteuer – und am besten auch für die anderen Steuerarten. Sie sparen sich viel Arbeit, verpassen keine Zahlungstermine und vermeiden damit Mahnungen und ärgerliche Säumniszuschläge.

- Für Gewerbetreibende ab 250.000 Euro Umsatz pro Jahr (neue Bundesländer) beziehungsweise 500.000 Euro (alte Bundesländer) gilt die sogenannte Soll-Besteuerung: Sobald die Rechnung an den Kunden verschickt ist, wird die Umsatzsteuer fällig. Als Gründer liegen Sie höchstwahrscheinlich unter der Umsatzgrenze und können die Ist-Besteuerung wählen. Dann wird die enthaltene Umsatzsteuer erst nach Zahlungseingang fällig, was in aller Regel vorteilhafter für Sie ist.

31. Brauche ich Buchhalter und Steuerberater?

Versuchen Sie, die Themen Buchhaltung und Steuern zumindest in Grundzügen zu verstehen. Wenn Sie den Schritt in die Selbständigkeit wagen, sollten Sie nicht einfach alles, was mit Zahlen zu tun hat, aus der Hand geben. Vielmehr sollten Sie darüber Bescheid wissen, wie sich Ihre unternehmerischen Entscheidungen finanziell auswirken und wie sie Ihre Steuerbelastung beeinflussen. Betrachten Sie Buchhaltung und Steuern nicht als ein Buch mit sieben Siegeln, sondern treten Sie gegenüber Ihrem Buchhalter oder Steuerberater selbstbewusst und interessiert, sozusagen als mündiger Kunde auf. Informieren Sie sich gut, stellen Sie zu wichtigen Themen Fragen und haken Sie nach, wenn Ihnen etwas unklar ist.

Informieren
Sie sich

Entschei-
dungshilfe

Ob Sie Ihre Buchhaltung selbst machen und Ihre Steuerfragen im Alleingang klären oder ob Sie sich von einem
Buchhalter und/oder Steuerberater Unterstützung holen
wollen, sollten Sie von verschiedenen Faktoren abhängig
machen. Die folgenden Fragen helfen Ihnen bei Ihrer Entscheidung:

- Wie gut sind Ihre Buchhaltungs- und Steuerkenntnisse?
- Wie intensiv sind Sie in den Alltag Ihres neu gegründe-
  ten Unternehmens eingebunden?
- Wer haftet bei finanziellen Schäden durch fehlendes
  Steuer-Know-how?

GUT ZU WISSEN

Was kann der Steuerberater konkret tun?

Die folgenden Aufgaben kann der Steuerberater für Sie erledigen:
- Umsatzsteuervoranmeldung
- Finanz- und Lohnbuchführung
- Gehaltsrechnungen der Mitarbeiter
- Jahresabschluss
- Private Steuererklärung
- EÜR
- BWA
- Externes Controlling
- Berechnung von Finanzierungsalternativen bei Investitionen
- Fachkundige Auskünfte bei sämtlichen Steuerfragen

Viele Gründer geben am Anfang die Buchhaltung nicht in
die Hände eines Steuerberaters, weil das Geld kostet. Und
davon ist – gerade in der Anlaufzeit – nicht immer ausreichend vorhanden. Wer mit Softwareprogrammen für die
Buchhaltung gut zurechtkommt, kann sich die Ausgaben
für den Buchhalter oder Steuerberater sparen. Aber: Viele

Selbständige, die sich kostenlose Informationen aus dem Internet holen und sich preiswerte Buchhaltungssoftware anschaffen, kommen vom Do-it-yourself schnell wieder ab. Sie stellen fest, wie kompliziert das Steuerrecht ist und wie viel Zeit sie investieren müssten. Gerade für Gründer passen die meisten Standardlösungen nicht, oft ist Expertenwissen erforderlich. Das trifft für die Buchhaltung und erst recht für sämtliche Steuerfragen zu.

Im Grunde lässt sich die Frage, ob Outsourcen oder nicht, einfach beantworten, wenn Sie die Zahlen zu Rate ziehen: Wie lange brauchen Sie, um sich einzuarbeiten und die Buchhaltung regelmäßig zu erledigen? Multiplizieren Sie die Stundenzahl mit Ihrem Stundenhonorar und vergleichen Sie das Ergebnis mit dem Honorar für den Steuerberater. Meist stellt sich dabei heraus, dass Sie die Zeit, die Sie nicht für die Buchhaltung benötigen, besser in Ihr Kerngeschäft investieren. Hier sind Sie kompetent und arbeiten vermutlich schnell und effizient.

Einfache Rechnung

Unabhängig davon, welche Arbeiten Sie herausgeben möchten, stellt sich die Frage, wie Sie den passenden Steuerberater finden. Am besten bitten Sie andere Selbständige um Empfehlungen, sie können oftmals Auskunft geben, wie gut die Zusammenarbeit mit einem bestimmten Steuerberater klappt und worauf Sie achten müssen.

Vereinbaren Sie auf jeden Fall ein Erstberatungsgespräch. Dabei können Sie bereits erkennen, ob sich der Steuerberater Zeit nimmt, Ihre Situation zu analysieren, und ob er sich mit speziellen Umständen auskennt – zum Beispiel mit Auslandsgeschäften und branchentypischen Besonderheiten wie Umsatzsteuerbefreiungen. Wichtig ist auch, dass der Steuerberater Ihnen komplizierte Sachverhalte in Ruhe erklärt und Ihre Fragen geduldig beantwortet. Nicht zuletzt müssen Sie darauf achten, dass die Chemie stimmt,

Erstberatungsgespräch

denn zwischen Ihnen und dem Steuerberater sollte sich ein echtes Vertrauensverhältnis entwickeln können.

32. Welche Anschaffungen muss ich über mehrere Jahre abschreiben, welche kann ich sofort absetzen?

Wenn Sie einen Computer, einen Geschäftswagen oder eine Maschine kaufen, müssen Sie in der Regel den Kaufpreis auf einmal bezahlen. Steuerlich gesehen werden die Kosten für diese Anschaffungen aber auf mehrere Jahre aufgeteilt, weil Sie diese Wirtschaftsgüter über mehrere Jahre hinweg nutzen.

"Absetzung für Abschreibung"

Im Anschaffungsjahr können Sie dementsprechend nur einen Bruchteil Ihrer Investitionsausgabe geltend machen, dafür mindern die jährlichen Abschreibungsbeträge in späteren Jahren das Betriebsergebnis, was praktisch ist, denn wahrscheinlich erzielen Sie dann einen höheren Gewinn. Die jeweilige Abschreibungsdauer hängt von dem Wirtschaftsgut ab, das Sie anschaffen. Für jedes einzelne davon – von der Adressiermaschine bis hin zum Zeiterfassungsgerät – ist in den AfA-Tabellen der Zeitraum festgelegt, über den es steuermindernd abgeschrieben werden kann. AfA bedeutet "Absetzung für Abschreibung". Die AfA-Tabellen sind im Internet unter www.bundesfinanzministerium.de abrufbar.

Wie viel darf ich im ersten Jahr abschreiben?

Das hängt davon ab, in welchem Monat Sie die Anschaffung gemacht haben. Wenn Sie zum Beispiel im Juni ein

Faxgerät gekauft haben – wobei es keine Rolle spielt, ob am Ersten oder 30. des Monats – dürfen Sie über sieben Monate abschreiben. Tätigen Sie den Kauf dagegen am 31. Dezember, dürfen Sie über einen Monat abschreiben.

BEISPIEL: ABSCHREIBUNG FÜR EIN FAXGERÄT

Sie haben am 7. Juni ein Faxgerät für 599,76 Euro gekauft (dies entspricht bei 19 Prozent Mehrwertsteuer einem Nettopreis von 504 Euro). Sie schreiben normal gemäß AfA-Tabelle über sieben Jahre ab, also 72 Euro pro Jahr oder sechs Euro pro Monat.

Liquiditätsabfluss:	599,76 Euro
Vorsteuerabzug:	95,76 Euro
Betriebsausgabe im ersten Jahr:	42 Euro
	(7/12 von 72 Euro)
Betriebsausgabe im zweiten bis sechsten Jahr:	je 72 Euro
Betriebsausgabe im siebten Jahr:	30 Euro
	(5/12 von 72 Euro)

So schreibe ich GWG ab

Nicht jeder Gegenstand, der sich über mehrere Jahre nutzen lässt, muss auch individuell und monatsgenau abgeschrieben werden. Bis zu einem bestimmten Anschaffungswert spricht man von geringwertigen Wirtschaftsgütern (GWG), die komplett im Jahr der Anschaffung abgeschrieben, also als Ausgabe geltend gemacht werden können.

Bis 2007 galt für GWG eine Betragsgrenze von 410 Euro netto. Diese wurde 2008 auf 150 Euro netto gesenkt. Zugleich wurden für Anschaffungen im Wert von 150 bis 1.000 Euro jahrgangsbezogen sogenannte Abschreibungspools (Sammelposten) gebildet, die einheitlich über fünf Jahre mit 20 Prozent pro Jahr abgeschrieben werden müssen, als handle es sich um ein einziges Anlagegut.

Abschreibungspools

Bei der Anschaffung von geringwertigen Wirtschaftsgütern ab dem Jahr 2010 haben Sie, neben der normalen Abschreibung gemäß AfA-Tabelle, ein Wahlrecht:

- Sie können die Anschaffungskosten bis 410 Euro im Anschaffungsjahr in voller Höhe steuermindernd als Betriebsausgaben absetzen (Sofortabschreibung).

- Alternativ können Sie die Anschaffungskosten bis 150 Euro netto komplett im Anschaffungsjahr abschreiben und zugleich Anschaffungen von 150,01 bis 1.000 Euro jahrgangsbezogen in einen Sammelposten aufnehmen und über fünf Jahre mit 20 Prozent pro Jahr abschreiben, als handle es sich um ein einziges Anlagegut.

GUT ZU WISSEN

GWG müssen selbständig nutzbar sein

Ein wichtiges Kriterium geringwertiger Wirtschaftsgüter und Voraussetzung für die Sofortabschreibung ist, dass diese Wirtschaftsgüter beweglich und abnutzbar sowie selbständig nutzbar sind. Dies trifft zum Beispiel für Kopierer, Diktiergeräte und Einrichtungsgegenstände zu. Dagegen gelten Peripheriegeräte wie Maus, Tastatur, Drucker, Scanner oder Monitor *nicht* als GWG, weil sie nicht selbständig nutzbar sind, sondern für den Betrieb einen PC benötigen. Solche Teile, die nicht selbstständig nutzbar sind und als Zubehör erworben werden, um andere Wirtschaftsgüter zu ergänzen, werden gleichwohl nicht Teil dieses Wirtschaftsguts (in unserem Fall des PCs) und sind damit auch nicht dessen Nutzungsdauer unterworfen. Die Abschreibung erfolgt in der Regel eigenständig: Diese Geräte werden im Anlagevermögen aktiviert und über die entsprechende Nutzungsdauer abgeschrieben. Dabei spielt die Höhe der Anschaffungskosten keinerlei Rolle. Selbst wenn ein Drucker zum Beispiel nur 70 Euro kostet, muss er entsprechend der Afa-Tabelle über mehrere Jahre abgeschrieben werden. Zugleich läuft die eventuell noch bestehende Restabschreibung für den PC, den Sie bereits seit zwei Jahren besitzen, nach Plan weiter. In der Praxis wird diese Regelung allerdings oft etwas unkomplizierter gehandhabt: Kaufen Sie einen neuen Rechner mit beispielsweise Tastatur und Maus zu einem Paketpreis, so ist es üblich, die Peripheriegeräte nicht gesondert abzuschreiben, sondern den kompletten Kaufpreis als Anschaffungskosten abzuschreiben.

Beachten Sie: Wenn Sie sich für eine Abschreibungsmethode entschieden haben, ist diese für alle Anschaffungen
in dem jeweiligen Jahr gültig. Sie können sich jedes Jahr
neu entscheiden.

Jährlich
neue Ent-
scheidung

Welche Abschreibungsmethode ist nun für Selbständige
günstiger? Meist ist es die alte: Statt nur bis 150 Euro können Sie Anschaffungskosten bis 410 Euro im selben Jahr
gewinnmindernd geltend machen. Bei Anschaffungen von
410 bis 1.000 Euro handelt es sich oft um elektronische
Geräte wie Computer, die über drei Jahre abgeschrieben
werden können. Landen sie im Abschreibungspool, zieht
sich dieser Prozess über fünf Jahre hin. Selbst wenn die
Wirtschaftsgüter innerhalb dieses Zeitraums kaputtgehen
oder verkauft werden, dürfen sie nicht aus dem Pool genommen werden und ihr Restwert kann nicht sofort steuerlich geltend gemacht werden. Ist ein Sammelposten einmal
gebildet, muss er in jedem Fall über fünf Jahre abgeschrieben werden. Die Poollösung ist vor allem dann vorteilhaft,
wenn Sie viele Anschaffungen im Wert zwischen 410 und
1.000 Euro vorgenommen haben, deren AfA, wie bei Bü-
romöbeln, mehr als fünf Jahre beträgt.

Günstigere
Methode

33. Worauf ist bei Rechnungen, Gut-
schriften und Eingangsrechnungen
zu achten?

Ihre Rechnungen müssen folgende Angaben enthalten,
damit Ihr Kunde die enthaltene Umsatzsteuer geltend machen, sie sich also vom Finanzamt erstatten lassen kann:

Vorgaben

- Vollständiger Name und Anschrift des leistenden Un-
ternehmers sowie des Leistungsempfängers. Wichtig ist

bei beiden Anschriften, dass die Firmennamen und die jeweiligen Rechtsformen korrekt angegeben sind.

- Steuernummer oder Umsatzsteuer-Identifikationsnummer

- Rechnungsdatum

- Fortlaufende, einmalig vergebene Rechnungsnummer

- Menge und handelsübliche Bezeichnung der gelieferten Gegenstände oder Art und Umfang der Dienstleistung

- Zeitpunkt der Lieferung beziehungsweise Leistung

- Nach Umsatzsteuersätzen beziehungsweise -befreiungen aufgeschlüsselter Nettobetrag und der darauf entfallende Umsatzsteuerbetrag

- Bruttobetrag

- Hinweis auf den Grund der Steuerbefreiung, falls zutreffend

- Im Voraus vereinbarte Minderungen des Entgelts, zum Beispiel Rabatte, Boni oder Skonti

- Bei Bauleistungen: Hinweis auf Steuerschuld des Leistungsempfängers

- Nicht vorgeschrieben, aber natürlich sinnvoll und empfehlenswert: die Fälligkeit der Rechnung – am besten für Sie: „sofort fällig" – und Ihre Bankverbindung. Die persönliche Ansprache des Kunden und ein „Danke für Ihren Auftrag" sind eine weitere Selbstverständlichkeit.

- Für Rechnungen, deren Bruttobetrag 150 Euro nicht übersteigt (sogenannte Kleinbetriebsrechnungen), sind die Vorgaben nicht so streng. Hier können Sie auf Leistungsempfänger, Steuernummer, Rechnungsnummer, Lieferdatum, Netto- und Umsatzsteuerbetrag verzichten.

Wenn die ersten Aufträge abgeschlossen sind, müssen Sie Ihren Auftraggebern Rechnungen schicken, um Ihr Geld zu bekommen – für viele Existenzgründer ein erhebendes Gefühl. Rechnungen zu schreiben ist eine wichtige Aufgabe. Dafür sollten Sie einen regelmäßigen Termin einplanen, bei dem Sie gleichzeitig prüfen, ob die bereits verschickten Rechnungen gezahlt wurden. Einige wichtige Hinweise zur Rechnungsstellung:

Ausgangs-rechnungen

- Ist Ihr Kunde ein Unternehmen oder eine juristische Person, so sind Sie verpflichtet, spätestens innerhalb von sechs Monaten nach der Leistungserbringung Ihre Rechnung zu stellen. Im eigenen Interesse sollten Sie natürlich nicht so lange warten!

- Der Begriff „Rechnung" muss nicht zwingend auftauchen. Entbehrlich ist darüber hinaus die eigenhändige Unterschrift.

- Kleinunternehmer, die umsatzsteuerbefreit sind, dürfen in ihren Rechnungen keine Umsatzsteuer ausweisen! Sie sind verpflichtet, den Auftraggeber darauf hinzuweisen, beispielsweise mit folgendem Satz: „Der Leistungserbringer ist Kleinunternehmer nach § 19 UStG und damit umsatzsteuerbefreit." Analog gilt dies auch für andere Befreiungen von der Umsatzsteuer.

- Wenn Sie viele Rechnungen schreiben müssen, lohnt sich die Anschaffung eines Fakturaprogramms, mit dem Sie Rechnungen schreiben und gegebenenfalls auch gleich den entsprechenden Buchungssatz an die Finanzbuchhaltung übergeben können. Zunächst genügt wahrscheinlich Word oder Excel, um Rechnungen zu schreiben.

BEISPIEL: SO SIEHT EINE KORREKTE RECHNUNG AUS

Webdesign Markus Milke
Mandelstraße 55
80802 München

love wedding Hochzeitsagentur
Hanna Glücklich
Wundtstraße 40
14057 Berlin

UID: DE 998877665
Rechnungsdatum: 08.10.2011
Rechnungsnummer: 77-2011

Rechnung

Ich erlaube mir, Ihnen für unsere Leistungen vom 15.05.2011 bis 17.09.2011
wie vereinbart in Rechnung zu stellen:

Konzeption, Design und Erstellung der Website www.lovewedding.de	1.800,00 EUR
Umsatzsteuer (19 %)	342,00 EUR
Rechnungsbetrag	**2.142,00 EUR**

Wir danken Ihnen für den Auftrag. Bitte überweisen Sie den Rechnungsbetrag
bis zum 01.11.2011 auf unser Konto bei der Konzept-Bank, BLZ 72572544,
Konto-Nummer 987654321.

Gutschriften

Auch für Gutschriften gilt, dass die Anforderungen an Rechnungen erfüllt sein müssen, da sie genau genommen Rechnungen mit umgekehrtem Vorzeichen sind. Bekannt sind Gutschriften für nicht erhaltene oder für mangelhafte Leistungen. Damit macht ein Unternehmen eine zuvor gestellte Rechnung ganz oder teilweise rückgängig. Eine Gutschrift ist auch notwendig, wenn Sie nachträglich Rabatte einräumen. Sonst müsste der in Rechnung gestellte Umsatzsteuerbetrag vom Rechnungssteller komplett an das Finanzamt abgeführt werden – das gilt selbst dann, wenn er aufgrund des Preisnachlasses über 19 Prozent hinausgeht.

Was passiert mit der ursprünglichen Rechnung? Sie muss nicht an den Aussteller zurückgeschickt werden. Eine Gutschrift über den Differenzbetrag beziehungsweise eine korrigierte Rechnung – versehen mit dem Hinweis, dass sie die alte ersetzt oder ergänzt – genügt.

Ursprüngliche Rechnung

Eingehende Rechnungen

Überprüfen Sie auch, ob all Ihre Eingangsrechnungen die Mindestangaben enthalten. Es reicht nicht aus, wenn Sie nur kontrollieren, ob die Rechnungssumme stimmt. Ansonsten laufen Sie Gefahr, dass Ihnen das Finanzamt bei einer späteren Steuerprüfung den Vorsteuerabzug für die betreffenden Rechnungen aberkennt. Was tun, wenn eine Eingangsrechnung nicht den Vorgaben entspricht? Benachrichtigen Sie Ihren Geschäftspartner und bitten Sie ihn darum, die Rechnung zu berichtigen. Sie können den Vorsteuerabzug erst dann geltend machen, wenn Ihnen eine korrekte Rechnung vorliegt – am besten zahlen Sie auch erst dann.

34. Bewirtungen, Geschenke, Eigenbelege: Welche Besonderheiten sind zu beachten?

Betriebs-ausgabe

Die Bewirtung von Geschäftspartnern oder Kunden können Sie als Betriebsausgabe absetzen – aber nur zum Teil: Während die Umsatzsteuer zu 100 Prozent geltend gemacht werden darf, dürfen Sie den Nettobetrag nur zu 70 Prozent als Betriebsausgabe ansetzen. Der Grund: Die 30 Prozent, die abzuziehen sind, gelten als privat veranlasste Aufwendungen, da Sie ja ebenfalls an der Bewirtung teilnehmen. Trinkgelder sind ebenfalls absetzbar – zwar ohne Vorsteuerabzug, aber dafür zu 100 Prozent.

Wenn Sie Ihre Bewirtungskosten steuerlich geltend machen wollen, müssen Sie einige Regeln beachten. Zunächst muss die Bewirtung in einem angemessenen preislichen Rahmen erfolgen. Steuerprüfer werden Belege mit hohen Getränkepreisen, die Sie für den Besuch eines Nachtlokals mit Ihren Geschäftspartnern vorlegen, sehr wahrscheinlich ablehnen. Folgende Angaben muss ein Bewirtungsbeleg unbedingt enthalten:

- Anschrift des Restaurants
- Ort und Datum
- Bewirtungsanlass: „Geschäftsessen" reicht nicht aus, stattdessen konkreter, zum Beispiel „Besprechung wegen Produkt-Relaunch"
- Höhe der Aufwendungen detailliert für einzelne Getränke und Speisen
- Höhe des Trinkgelds
- Namen der bewirteten Personen, also auch Ihren Namen
- Ihre Unterschrift

Darüber hinaus müssen Bewirtungsbelege maschinell er-   **Bewirtungs-**
stellt sein. Meist erhalten Sie im Restaurant auf Nachfrage   **beleg**
einen separaten Bewirtungsbeleg für die geforderten Informationen. Füllen Sie die Felder darauf am besten direkt
nach dem Geschäftsessen aus, solange Sie sich noch an
die Details erinnern, und legen Sie den Beleg gleich ab,
dann ist die Sache erledigt. Sie haben den vollständigen
Beleg nicht (mehr), sondern nur einen einfachen Kassenzettel? Im Internet finden Sie kostenlose Formulare, die
die nötigen Felder enthalten. Heften Sie diese einfach an
den erhaltenen Kassenzettel an.

GUT ZU WISSEN

Die 150-Euro-Grenze

Ab 150 Euro sind auch Bewirtungsbelege keine Kleinbetragsrechnungen mehr,
sie müssen dann den Anforderungen an „richtige" Rechnungen genügen und
den korrekten Namen Ihrer Firma, die vollständige Adresse sowie alle anderen Pflichtangaben enthalten. Lassen Sie sich im Restaurant eine entsprechende
Rechnung mit Ihrer Adresse ausstellen.

Eigenbelege – weil es ohne nicht geht

Grundsätzlich gilt: keine Buchung ohne Beleg. Wenn aber   **Ausnahme**
einmal ein Rechnungsbeleg verloren gegangen ist oder
kein Beleg zu kriegen ist, können Sie ausnahmsweise
einen Eigenbeleg ausstellen, um die entsprechende Ausgabe trotzdem abzusetzen. Beispiele: für Trinkgelder aus
betrieblichem Anlass, Ausgaben an Münzautomaten ohne
Quittungsdruck, Gepäckträger, Blumen am Marktstand
oder eine verlorene Tankquittung. Die Vorsteuer kann hier
jedoch nicht abgezogen werden.

Auch wenn Sie für private Zwecke Geld bar aus der Kasse
nehmen, legen Sie einen Eigenbeleg dazu mit dem Text

„Privatentnahme". Sollten Sie Bargeld in die Kasse einlegen, haben Sie meist einen Bankabhebungsbeleg oder Sie schreiben einen Eigenbeleg, den Sie mit dem Vermerk „Privateinlage" versehen.

Eigenbelege müssen den Zahlungsempfänger, den Anlass oder Zweck der Ausgabe, den exakten Betrag, das Datum der Zahlung, das Datum der Belegerstellung sowie Ihre eigenhändige Unterschrift enthalten. Formularvorlagen für Eigenbelege finden Sie im Internet, zum Beispiel unter www.buchfuehrungstipps.de.

Eigenverbrauch

Privatent-nahme Nicht nur, wenn Sie Bargeld entnehmen, sondern auch, wenn Sie Produkte aus Ihrem eigenen Betrieb konsumieren, gilt dies als Privatentnahme. Eigenverbrauch ist zum Beispiel in Lebensmittelgeschäften, Bäckereien oder Metzgereien üblich. Oft gibt es feste Pauschalen für Unternehmer und Mitarbeiter, die die Berechnung des Eigenverbrauchs vereinfachen. Ansonsten behandeln Sie solche Einkünfte wie eine Betriebseinnahme und schreiben einen Eigenbeleg. Setzen Sie dafür die Einkaufspreise zuzüglich Umsatzsteuer an.

BEISPIEL: BERECHNUNG BEI EIGENVERBRAUCH

Sie entnehmen Waren zu einem Einkaufspreis von insgesamt 600 Euro netto.
Zusätzlich vereinnahmte Umsatzsteuer: 114 Euro
Zusätzliche Betriebseinnahme: 600 Euro

Beachten Sie, dass die Betriebseinnahme Ihren Gewinn erhöht, Sie müssen den Warenwert versteuern. Die Umsatzsteuer wird so behandelt, als hätten Sie sie vereinnahmt, entsprechend müssen Sie die Umsatzsteuer an das Finanzamt abführen.

Geschenke zur Kundenbindung

Ausgaben für Geschenke an Geschäftspartner, zum Beispiel zu einem Firmenjubiläum, dürfen Sie als Betriebsausgaben geltend machen, solange sie nicht mehr als 35 Euro netto – falls Sie nicht vorsteuerabzugsberechtigt sind, brutto – pro Person und Jahr ausmachen. Wichtig ist, dass Sie den Namen des Beschenkten auf dem Beleg notieren. Beschenken Sie mehrere Personen (zum Beispiel 25 Weinpräsente zu Weihnachten), erstellen Sie am besten eine Empfängerliste.

Bis 35 Euro netto

Wenn Sie Ihrem Mitarbeiter zu Weihnachten oder zur Geburt eines Kindes etwas schenken, so ist diese Zuwendung unabhängig vom Betrag für Sie als Arbeitgeber in voller Höhe als Betriebsausgabe abzugsfähig (§ 4 Absatz 5 Nummer 1 EStG).

35. Welche anderen Steuern muss ich zahlen und welche Rücklagen sollte ich schaffen?

Am meisten dürfte Sie die Frage interessieren, wie hoch Ihre steuerliche Belastung ist. Für Sie als Gründer sind folgende Steuerarten relevant: Einkommensteuer sowie gegebenenfalls Umsatz-, Gewerbe- und Körperschaftsteuer. Die folgenden Hinweise helfen Ihnen, schon jetzt zu überschlagen, wie viel von Ihrem Geld Sie für das Finanzamt auf die Seite legen müssen.

Die Einkommensteuer

Die Einkommensteuer ist die wichtigste Steuerart für Gründer. Von dem zu versteuernden Einkommen bleibt ein Grundfreibetrag steuerfrei (8.004 Euro pro Person). Die Steuerbelastung nimmt dann mit der Höhe des Einkommens beziehungsweise des Gewinns zu. Hinzu kommen der Solidaritätszuschlag, ein Aufschlag von 5,5 Prozent auf die Einkommensteuer, sowie gegebenenfalls die Kirchensteuer (je nach Bundesland acht oder neun Prozent der Einkommensteuer).

Um einschätzen zu können, wie viel Einkommensteuer anfallen wird, ermitteln Sie zunächst Ihre gesamten Einkünfte. Diese bestehen in erster Linie aus Ihrem Gewinn („Einkünfte aus Gewerbebetrieb" oder bei Freiberuflern „Einkünfte aus selbständiger Tätigkeit") sowie gegebenenfalls aus weiteren Einnahmen, zum Beispiel Einkünften aus nichtselbständiger Arbeit, Kapitalvermögen oder Vermietung und Verpachtung.

Als Gründer ziehen Sie die Gewinnschätzung aus dem Businessplan heran. Von den gesamten Einkünften werden die Sonderausgaben und außergewöhnlichen Belastungen abgezogen, zum Beispiel Vorsorgeaufwendungen für die Altersvorsorge oder Krankenversicherung. Dabei sind bestimmte Höchstbeträge zu beachten. Seit dem Jahr 2010 werden die Beiträge für eine private Kranken- und Pflegeversicherung vollständig abgezogen, damit gesetzlich und privat Versicherte gleich behandelt werden. Das sich so ergebende zu versteuernde Einkommen geben Sie in den Steuerrechner im Internet unter www.gruendungszuschuss.de/steuerrechner ein. Sie sehen nun, wie viel Einkommensteuer, Soli-Zuschlag und Kirchensteuer entstehen. Für Alleinstehende gilt der Grundtarif, für gemeinsam veranlagte Ehepartner der Splittingtarif. Achten

Sie darauf, dass Sie das richtige Jahr und die Anzahl Ihrer Kinder eingeben, da dies die Höhe der Steuerbelastung erheblich beeinflusst.

Bisher ging es darum, Ihre Steuerschuld absolut als Betrag in Euro zu berechnen. Daraus können Sie auch Ihren Durchschnittssteuersatz ermitteln. Er gibt an, welcher Prozentsatz des gesamten Einkommens an Steuern zu zahlen ist. Dazu zählen Sie die oben berechnete Belastung durch Einkommensteuer, Soli und Kirchensteuer zusammen und teilen diesen Betrag wiederum durch den geschätzten zu versteuernden Gewinn beziehungsweise das zu versteuernde Einkommen, falls Sie noch andere Einkünfte haben. Der Durchschnittssteuersatz, der sich dabei ergibt, liefert Ihnen einen Anhaltspunkt, wie viel Sie für künftige Steuerzahlungen zurücklegen müssen.

Durchschnitts-steuersatz

TIPP: MIT WEITSICHT PLANEN

Es kann vorkommen, dass auf einen Schlag Steuern in Höhe eines ganzen Jahresgewinns fällig werden. Wenn Sie – wie es häufig passiert – mit einem Jahr Verzögerung Ihre erste Steuererklärung abgeben, wird zum einen die gesamte Steuer für das Gründungsjahr fällig. Zum anderen müssen Sie Vorauszahlungen für die seitdem vergangene Zeit leisten. Da kommt einiges zusammen. Sobald Sie die zu erwartende Steuerlast überschlagen haben, fangen Sie an, das notwendige Geld nach und nach anzusparen. Überweisen Sie es dazu am besten auf ein Spar- oder Tagesgeldkonto.

Die Umsatz- beziehungsweise Vorsteuer

Wie schon an anderer Stelle erwähnt: Die Umsatzsteuer müssen Sie zeitnah an das Finanzamt melden und auch bezahlen. Insofern haben Sie die Höhe der Steuerbelastung vermutlich sowieso genau im Blick. Bei korrekter Anmel-

Korrekte Anmeldung

dung sollten am Jahresende keine großen Nachzahlungen auf Sie zukommen.

Die Gewerbesteuer

Gewerbesteuer muss von allen Gewerbetreibenden entrichtet werden, ausgenommen sind Freiberufler und Landwirte. In den Genuss eines Freibetrags von 24.500 Euro kommen Einzelunternehmer und Personengesellschaften: Sie müssen nur den darüber hinausgehenden Gewinn aus gewerblicher Tätigkeit versteuern. GmbHs und UGs zahlen auf ihren gesamten Gewinn Gewerbesteuer, jedoch können vorab die Gehälter der Geschäftsführer in vollem Umfang abgezogen werden.

Gewerbesteuerhebesatz Durch Multiplikation des gewerbesteuerpflichtigen Gewinns mit der Steuermesszahl von 3,5 Prozent ergibt sich der Gewerbesteuermessbetrag. Dieser wird wiederum mit dem Gewerbesteuerhebesatz, der in der Gemeinde Ihres Standorts gilt, multipliziert – die Gewerbesteuerhebesätze in Deutschland liegen zwischen 200 und 490 Prozent. Der sich ergebende Gewerbesteuerbetrag bis zu einem Hebesatz von 380 Prozent kann anschließend wieder von der Einkommensteuer abgezogen werden. Wenn Sie Einkommensteuer in mindestens dieser Höhe schulden, müssen Sie unter dem Strich also nur Gewerbesteuer bezahlen, wenn der Gewerbesteuerhebesatz Ihrer Gemeinde über 380 Prozent liegt – ein Umstand, der eine entscheidende Rolle spielt. Durch die richtige Standortwahl lassen sich jährlich mehrere Tausend Euro sparen. Unter www.gruendungszuschuss.de/gewerbesteuer finden Sie eine Liste mit einigen Gemeinden sowie Rechenbeispiele. Der Spitzenreiter in Sachen Gewerbesteuerhebesatz ist übrigens München mit 490 Prozent.

> **BEISPIEL: GEWERBEBETRIEB IN MÜNCHEN**
>
> Eine Münchener Einzelunternehmerin hat ein Gewerbe angemeldet und erzielt damit im laufenden Jahr einen Gewinn von 74.500 Euro. Nach Abzug des Freibetrags in Höhe von 24.500 Euro unterliegen 50.000 Euro der Gewerbesteuer. Durch Multiplikation mit 3,5 Prozent ergibt sich ein Gewerbesteuermessbetrag von 1.750 Euro. Angesichts von 490 Prozent Hebesatz beträgt die Gewerbesteuer 8.575 Euro. Bis zu einem Hebesatz von 380 Prozent findet eine Verrechnung mit der Einkommensteuer statt, die sich in diesem Fall also um einen Betrag von 6.650 Euro mindert. Unter dem Strich bleibt der Unternehmerin eine Belastung in Höhe von 1.925 Euro.
>
> Eine GbR mit gleichem Gewinn würde in Summe auch gleich viel Steuern bezahlen, denn der Freibetrag von 24.500 Euro gilt unabhängig von der Zahl der Gesellschafter.
>
> Würde die Münchener Unternehmerin eine GmbH gründen und sich 66.000 Euro Geschäftsführergehalt auszahlen, wäre nur der verbleibende Gewinn von 9.500 Euro gewerbesteuerpflichtig. Allerdings würde er zusätzlich der Körperschaftsteuer unterliegen.

Die Körperschaftsteuer

Diese Steuerart fällt ausschließlich für den Gewinn von Kapitalgesellschaften an, zum Beispiel bei GmbHs, UGs (haftungsbeschränkt) oder AGs. Unternehmen, die diese Rechtsformen gewählt haben, zahlen ab dem ersten Euro Gewinn nicht nur Gewerbesteuer, sondern auch Körperschaftsteuer. Der Körperschaftsteuersatz beträgt 15 Prozent, hinzu kommt noch der Solidaritätszuschlag in Höhe von 5,5 Prozent der Körperschaftsteuer. Das bedeutet: Je niedriger Ihr Gewinn ist, umso weniger Körperschaftsteuer müssen Sie bezahlen. Bedenken Sie, dass Ihr Geschäftsführergehalt beispielsweise den Gewinn der GmbH mindert, darauf fallen weder Gewerbe- noch Körperschaftsteuer an.

15 Prozent

36. Welche steuerlichen Vorteile bringt mir ein Firmenwagen?

Wenn es darum geht, wie sich Pkws steuerlich absetzen lassen, werden mehrere Fälle unterschieden. Dabei ist ausschlaggebend, wie intensiv das Auto geschäftlich genutzt wird:

- Wenn Sie Ihr Fahrzeug zu 100 Prozent geschäftlich nutzen, akzeptiert das Finanzamt alle Pkw-Kosten ohne Privatanteil als Betriebsausgabe – allerdings nur bei Lieferwagen sowie Zweit- oder Drittfahrzeugen. Beim ersten Pkw wird immer ein privater Nutzungsanteil unterstellt.

- Falls Sie das Auto zu mehr als 50 Prozent betrieblich nutzen, gilt es als Geschäftswagen mit einem gewissen Privatanteil. Dieser Anteil lässt sich pauschal nach der sogenannten Ein-Prozent-Regel berechnen (siehe unten). Tipp: Falls Sie das Auto sehr selten privat nutzen, können Sie mit einem Fahrtenbuch den tatsächlichen privaten Anteil nachweisen und fahren dann sogar noch günstiger als mit der Ein-Prozent-Regel.

- Nutzen Sie Ihren Wagen nur gelegentlich für geschäftlich veranlasste Fahrten (weniger als zehn Prozent der im Jahr gefahrenen Kilometer), wird er als Privatwagen behandelt. Für geschäftliche Fahrten können pauschal 30 Cent pro gefahrenem Kilometer angesetzt werden. Sie brauchen kein Fahrtenbuch zu führen, sondern müssen nur die Fahrten aufstellen, die Sie für Ihre selbständige Tätigkeit zurückgelegt haben. Dazu sind folgende Angaben nötig: Datum der Fahrt, zurückgelegte Kilometer, Fahrtziel und Grund der Fahrt mit Ihrem Privatwagen. Mit dem pauschal abgerechneten Kilometergeld sind Ihre gesamten Pkw-Kosten abgegolten. Wie viel das Auto gekostet hat und wem es gehört, hat hier keine Bedeutung.

- Macht die geschäftliche Nutzung zwischen zehn und 50 Prozent aus, haben Sie die Wahl. Sie können das Auto als Privatwagen betrachten oder zum „gewillkürten Betriebsvermögen" erklären. Die zweite Variante wirkt sich aber speziell für Selbständige seit einer Gesetzesänderung 2006 steuerlich nachteilig aus. Der Privatanteil kann nicht mehr pauschal mit der Ein-Prozent-Regel ermittelt werden, sondern muss anhand eines Fahrtenbuchs berechnet und versteuert werden. Das führt nicht nur zu bürokratischem Aufwand, sondern in der Regel auch zu einem sehr viel höheren zu versteuernden Privatanteil als bisher.

Steuerliche Behandlung des Firmenwagens

Sofern Sie nicht zu dem Ergebnis gekommen sind, dass Sie Ihr Auto doch als Privatwagen behandeln wollen oder müssen, können Sie alle Ausgaben für das Auto steuerlich geltend machen. Die Anschaffungskosten, dazu zählen auch die Ausgaben für Überführung und Zulassung, müssen Sie über einen Zeitraum von sechs Jahren abschreiben. Die im Kaufpreis enthaltene Mehrwertsteuer ist dagegen sofort absetzbar.

Anschaffungskosten

BEISPIEL: BETRIEBSAUSGABEN BEIM KFZ-KAUF

Im September kaufen Sie einen neuen Pkw zum Preis von 21.420 Euro brutto (entspricht 18.000 Euro netto).

Ihr Liquiditätsabfluss: 21.420 Euro
Vorsteuerabzug: 3.420 Euro
Betriebsausgabe: 3.000 Euro (Abschreibung für zwölf Monate)

Laufende Kfz-Kosten

Für die laufenden Kfz-Kosten gilt: Die Preise für Benzin, Reparaturen und Ähnliches enthalten Umsatzsteuer, die Sie vom Finanzamt erstattet bekommen, die für Versicherungen und Kfz-Steuern dagegen nicht. Zählen Sie zu den im Beispiel errechneten Abschreibungen die laufenden Kfz-Kosten hinzu, ergeben sich die Betriebsausgaben für den Firmenwagen pro Jahr.

So ermittle ich den Privatanteil nach der Ein-Prozent-Regel

Nachweis über Nutzung

Den Betriebsausgaben für den Pkw steht der Privatanteil gegenüber, den Sie, wenn die betriebliche Nutzung über 50 Prozent liegt, mit der Ein-Prozent-Regel ermitteln dürfen. Dazu müssen Sie zunächst glaubhaft machen, dass das tatsächlich so ist. Daher kommen Sie als Selbständiger also kaum drum herum, zumindest über einen repräsentativen Zeitraum ein Fahrtenbuch zu führen, um den genauen Anteil der betrieblichen Nutzung des Pkw festzustellen. Und so wenden Sie dann die Ein-Prozent-Regel an:

- Ein Prozent des Listenneupreises Ihres Pkw – also nicht des tatsächlich gezahlten Kaufpreises – wird als Privatentnahme erfasst und später versteuert. Sie wirkt wie eine Betriebseinnahme und erhöht damit den Gewinn. Der ursprüngliche Listenpreis ist übrigens auch bei Gebrauchtwagen maßgeblich! Am besten erfragen Sie diesen beim Autohaus, das den Wagen geliefert hat (siehe Serviceheft), beziehungsweise beim jeweiligen Fabrikatshändler. Handelt es sich zum Beispiel um einen Fiat, dann rufen Sie beim nächsten Fiat-Händler an. Einige Finanzämter geben sich auch mit einer Schätzung nach der sogenannten Schwacke-Liste zufrieden, allerdings wird dabei die Ausstattung des Fahrzeugs nicht berücksichtigt.

- Auch die Nutzung des Firmenwagens für die Fahrt zur Arbeit müssen Sie als Privatanteil buchen und versteuern. Hierzu rechnen Sie so: Listenneupreis des Pkw x 0,03 Prozent x 12 Monate x Entfernungskilometer. Von diesem Ergebnis können Sie wiederum die Entfernungspauschale von 30 Cent pro Entfernungskilometer abziehen.

Alternative: das Fahrtenbuch

Alternativ, oder wenn die betriebliche Nutzung weniger als 50 Prozent ausmacht, können Sie den tatsächlichen Anteil der geschäftlichen Nutzung ermitteln, indem Sie ein Fahrtenbuch führen. Hier müssen Sie jede einzelne Privatfahrt mit Kilometerangabe genau erfassen. Jede Geschäftsfahrt muss mit Zeitangaben und Kilometerstand zu Beginn und Ende, Ziel, Route und dem Zweck dokumentiert werden. Angenommen, Sie sind 20.000 Kilometer gefahren und die jährlichen Kfz-Kosten betragen 10.000 Euro. Bei einem Privatanteil von 25 Prozent würden dann 2.500 Euro Kosten anfallen, die Sie steuerlich nicht ansetzen können.

Genaue
Angaben

37. Muss ich weiter in die Sozialversicherung einzahlen und wenn ja, wie viel?

Zu den Sozialversicherungen zählen die Kranken-, Pflege-, Renten-, Arbeitslosen- und betriebliche Unfallversicherung. Während Angestellte zumindest bis zu bestimmten Obergrenzen in die gesetzliche Sozialversicherung einzahlen müssen, haben Selbständige – von wenigen Ausnahmen abgesehen (siehe unten) – die freie Wahl, ob sie sich gesetzlich oder privat versichern.

Kranken- und Pflegeversicherung

Gesetzlich
oder privat?

Auch als Selbständiger müssen Sie sich krankenversichern. Unabhängig von der Höhe Ihres Einkommens können Sie von der gesetzlichen in die private Krankenversicherung wechseln.

Wenn Sie sich für eine freiwillige Mitgliedschaft in der gesetzlichen Krankenversicherung entscheiden, wird Ihr Einkommen als Grundlage für den zu zahlenden Beitragssatz angesetzt. Dazu zählen der erzielte Gewinn, der Gründungszuschuss (in Höhe des Arbeitslosengeldes I ohne die zusätzliche Pauschale in Höhe von 300 Euro) und sonstige Einkünfte, beispielsweise aus Kapitalvermögen oder aus Vermietung.

Hoher
Mindest-
beitrag

Berücksichtigen Sie bei Ihren Überlegungen, dass der Mindestbeitrag, den Sie als freiwillig Versicherter in der gesetzlichen Kranken- und Pflegeversicherung zu zahlen haben, relativ hoch ist. Bei der Krankenversicherung sind das regulär 297 Euro, während des Gründungszuschussbezugs nur 198 Euro. Der Höchstbeitrag liegt bei 575 Euro. Bei der gesetzlichen Pflegeversicherung im Rahmen der gesetzlichen Krankenversicherung werden folgende Beiträge erhoben: Während des Gründungszuschussbezugs zahlen Kinderlose in den alten Bundesländern mindestens 28,10 Euro ein, danach mindestens 42,16 Euro und maximal 81,68 Euro.

Solange Ihr Gewinn unterhalb der jeweiligen Beitragsbemessungsgrenze bleibt, erhöhen sich die Beiträge – auch nachträglich –, wenn Ihr Jahreseinkommen steigt. Das bedeutet: Geht Ihr tatsächliches Einkommen über die bei der Krankenkasse angegebene Schätzung hinaus, kann es zu beträchtlichen Nachzahlungen kommen. Bilden Sie deshalb auch hierfür entsprechende Rücklagen.

Damit Sie sich schnell einen Überblick über die Beitrags- **Schneller**
sätze sowie die Mindest- und Höchstbeiträge in der So- **Überblick**
zialversicherung verschaffen können, haben wir für Sie
folgende Tabelle zusammengestellt.

Versiche-rungsart	Beitrags-satz*	Mindest-beitrag/ Monat**	Höchst-beitrag/ Monat**
Rentenversicherung (freiwillige Mitglieder)	19,9 Prozent (Berechnungs-grundlage frei wählbar)	80 Euro	1.095 Euro
Rentenversicherung (Pflichtmitglieder)	19,9 Prozent	80 Euro	508 (bei Wahl des Regelbei-trags, freiwillig bis zu 1.095) Euro
Kranken-versicherung	15,5 Prozent (einschließlich Krankentage-geld)	297 (während des Gründungs-zuschussbezugs nur 198) Euro	575 Euro
Pflege-versicherung	1,95/2,20 Prozent (mit/ ohne Kinder)	37/42 (wäh-rend des Gründungs-zuschussbezugs nur 25/28) Euro	72/82 Euro
Arbeitslosen-versicherung	Pauschal	38 Euro in den ersten 12 Mo-naten nach der Gründung	77 Euro danach

*) Bei Bezug von Gründungszuschuss zählt dieser nur in Höhe des Arbeitslo-sengeld-I-Anspruchs als Berechnungsgrundlage, auf die 300-Euro-Pauschale fallen keine Beiträge an.
**) Alle Angaben auf ganze Euro gerundet, jeweils am Beispiel der alten Bundesländer (Unterschiede bestehen vor allem hinsichtlich der Beitragsbemes-sungsgrenze und somit der Höchstbeiträge), gültig für das Jahr 2011

Machen Sie sich auch klar, dass die prozentuale Beitrags-last für Selbständige doppelt so hoch ist wie für Angestell-te, weil Selbständige sowohl den Arbeitgeber- als auch den Arbeitnehmerbeitrag zur Sozialversicherung bezahlen müssen.

TIPP: IM ZWEIFELSFALL ERST EINMAL ZUR GESETZLICHEN VERSICHERUNG

Klären Sie alle Ihre Fragen direkt mit einer gesetzlichen Krankenkasse und dem gesetzlichen Rentenversicherungsträger. Wägen Sie dann alle Argumente für und gegen den Wechsel in eine private Versicherung ab. Sind Sie sich nicht sicher, was für Sie das Richtige ist, raten wir Ihnen, vorläufig als freiwillig Versicherter bei Ihrer bisherigen Versicherung zu bleiben. Die gesetzliche Versicherung ist in jedem Fall die günstigere Lösung, solange Sie wenig Gewinn machen. Nehmen Sie sich also ruhig noch etwas Zeit für Ihre Entscheidung, bis Sie genau wissen, wie es mit Ihrer Selbständigkeit läuft. Lassen Sie sich keinesfalls von einem abschlusswütigen Versicherungsvertreter unter Druck setzen – schließlich geht es um sehr viel Geld.

Künstler-sozialkasse (KSK)

Etwas anderes gilt für Künstler und Publizisten, die über die Künstlersozialkasse (KSK) versichert sind: Wie Arbeitnehmer zahlen sie nur die Hälfte der Versicherungsbei-träge für die Kranken-, Renten- und Pflegeversicherung; die andere Hälfte trägt die Künstlersozialkasse. Finanziert wird dies mit einem Zuschuss des Bundes (40 Prozent) und einer Künstlersozialabgabe der Unternehmen (60 Prozent), die künstlerische und publizistische Leistungen in Anspruch nehmen und verwerten, zum Beispiel Galerien, Musik- und Theaterveranstalter, Rundfunk- und Fernseh-anstalten, Verlage.

Sie denken darüber nach, eine private Krankenkasse zu wählen? Überlegen Sie sich das gut, denn es gibt kaum Möglichkeiten, in die gesetzliche Krankenversicherung zurückzukehren. Die Leistungen der privaten Krankenkassen sind zwar oft besser als die der gesetzlichen und der Beitrag ist möglicherweise sogar niedriger. Doch der Vorteil geht verloren, wenn Sie eine Familie haben oder irgendwann gründen wollen. Denn für jedes Familienmitglied müssen Sie in der privaten Krankenversicherung gesondert Beiträge zahlen. Anders in der gesetzlichen Krankenversicherung: Hier besteht für den Ehepartner und die Kinder Beitragsfreiheit – sofern sie nicht selbst bestimmte Einkommensgrenzen überschreiten und damit beitragspflichtig sind.

Rentenversicherung und Altersvorsorge

Ansprüche an die gesetzliche Rentenversicherung, die Sie sich während der Zeit als Arbeitnehmer erworben haben, bleiben erhalten und Sie können weiterhin freiwillig Beiträge an die Deutsche Rentenversicherung zahlen. Bestimmte Selbständige müssen dies sogar tun, dazu zählen unter anderem Lehrer, Erzieher, Hebammen, Künstler und Publizisten sowie Handwerker in den ersten Gründungsjahren. Der Beitragssatz für Pflichtmitglieder liegt bei 19,9 Prozent.

Pflicht-
mitglieder

Mit der Vollendung des 67. Lebensjahres bekommen Sie eine Altersrente vom Staat, wenn Sie nachweisen können, dass Sie mindestens 60 Monate Beiträge eingezahlt haben. Wie hoch Ihre Rente ausfällt, hängt von der Versicherungsdauer und der Höhe Ihres versicherungspflichtigen Einkommens während dieser Zeit ab. Wenn Sie als Selbständiger nicht mehr einzahlen, erhalten Sie später für die entsprechende Zeit auch keine staatliche Rente. Doch selbst wenn Sie weiterhin Beiträge leisten, mit der Altersrente aus der gesetzlichen Rentenversicherung werden Sie keine großen Sprünge machen können. Deswegen sollten Sie sich in jedem Fall zusätzlich privat absichern.

Das gilt insbesondere, wenn Sie keinem der Freien Berufe wie Ärzte, Rechtsanwälte oder Apotheker angehören, die Beiträge an ihr Versorgungswerk (Ärzte-, Anwalts- oder Apothekerkammer) abführen müssen, aus denen dann gesondert von der gesetzlichen Rentenversicherung eine Altersversorgung aufgebaut wird.

Private Altersvorsorge

Investieren Sie also auf jeden Fall in eine private Altersvorsorge. Erfahrungsgemäß lässt sich mit einer klugen Anlagestrategie sowieso mehr erreichen als die gesetzliche Rente. Infrage kommen Kapitalanlageprodukte wie die Basisrente (auch „Rürup-Rente" genannt) sowie die Anlage in Wertpapiere, meist in Form von Investmentfonds, und in Immobilien.

TIPP: FINDEN SIE „IHREN" FINANZBERATER

Suchen Sie einen guten, vertrauenswürdigen und an einer langfristigen Zusammenarbeit interessierten Finanzberater, mit dem Sie gut reden können und der gut erklären kann. Und selbst wenn Sie so jemanden gefunden haben, gilt: Informieren Sie sich auch selbst unabhängig über die Produkte, in die Sie Ihre Ersparnisse investieren.

Freiwillige Arbeitslosenversicherung

Geringer Beitrag, hoher Anspruch

Gründer und Selbständige können sich gegen Arbeitslosigkeit versichern. Mit geringen Beiträgen lassen sich hohe Leistungsansprüche erwerben – insbesondere als Akademiker: In der Regel richtet sich der resultierende Arbeitslosengeldanspruch nicht nach der Höhe der Beiträge, sondern nach der Qualifikation der Versicherten. Arbeitslose mit einer Hochschul- oder Fachhochschulausbildung erhalten 1.042 bis 1.364 Euro.

Als Existenzgründer können Sie sich innerhalb der ersten drei Monate nach der Gründung weiterversichern, wenn

Sie vor der Gründung ALG I bezogen haben oder Anspruch darauf gehabt hätten. Der Beitrag zur freiwilligen Arbeitslosenversicherung beträgt im Jahr 2011 unabhängig vom tatsächlichen Gewinn/Einkommen 38,33 Euro (alte Bundesländer) beziehungsweise 33,60 Euro (neue Bundesländer). 2012 verdoppeln sich allerdings die Beiträge auf knapp 80 Euro (alte Bundesländer) beziehungsweise knapp 70 Euro (neue Bundesländer).

Beachten Sie, dass der Eintritt in die Arbeitslosenversicherung freiwillig ist, die Mitgliedschaft aber nur beendet werden kann, wenn Sie Ihre Selbständigkeit aufgeben oder absichtlich mit Ihren Beitragszahlungen drei Monate in Rückstand geraten.

Lohnt es sich für Sie, der freiwilligen Arbeitslosenversicherung beizutreten? Das hängt von Ihrem Restanspruch auf Arbeitslosengeld zum Zeitpunkt der Gründung ab und davon, wie Sie die Erfolgschancen Ihrer Selbständigkeit einschätzen: Sollten Sie nur noch einen geringen Anspruch auf Arbeitslosengeld haben (zum Gründungszeitpunkt) und sind Sie sich nicht sicher, ob Ihr Vorhaben erfolgreich sein wird, ist es sinnvoll, durch freiwillige Beitragszahlungen einen neuen Anspruch auf Arbeitslosengeld I aufzubauen. Wenn Sie dagegen noch längere Zeit Ihren Restanspruch auf Arbeitslosengeld reaktivieren können und die Gefahr eines Scheiterns für gering halten, sollten Sie die freiwillige Arbeitslosenversicherung eher nicht nutzen.

38. Welche zusätzlichen Versicherungen sollte ich unbedingt abschließen?

Viele Existenzgründer denken in ihrer Anfangseuphorie an alles andere als daran, sich gegen Haftpflichtschäden, Berufsunfähigkeit, Unfall- und Krankheitsfolgen sowie Pflegebedürftigkeit abzusichern. Dabei können diese existenziellen Risiken sie um ihre gesamten Ersparnisse bringen.

Gesundheit als Kapital Ganz besonders in den ersten Jahren hängt der Erfolg Ihres Unternehmens von Ihrer Arbeits- und Leistungsfähigkeit ab. Ihr wichtigstes Kapital ist Ihre Gesundheit. Und nur solange Sie gesund sind, können Sie sich privat zu vertretbaren Preisen absichern. Versäumen Sie es nicht, sich frühzeitig um die entsprechenden Versicherungen zu kümmern.

Haftpflichtversicherung

Eine private Haftpflichtversicherung ist unverzichtbar, doch auch beruflich können Sie durch einen kleinen Fehler oder eine Unaufmerksamkeit große Schäden anrichten. Eine geschäftliche Haftpflichtversicherung ist daher dringend zu empfehlen. Für manche Berufsgruppen, zum Beispiel Ärzte, Architekten, Steuerberater und Versicherungsvermittler, besteht sogar eine Versicherungspflicht, weil bei ihrer Tätigkeit leicht große Schäden entstehen können. Eine private Haftpflichtversicherung bekommen Sie ab etwa 70 Euro jährlich, eine betriebliche kann 200 bis 1.500 Euro kosten, je nach Beruf und Risiko auch mehr.

Berufsunfähigkeitsversicherung

Psychische Erkrankungen Auch diese Versicherung sollten Sie unbedingt abschließen. Berufsunfähigkeit heißt, dass Sie durch Krankheit, Unfall oder Invalidität dauerhaft in der Berufsausübung beeinträchtigt sind. In der Praxis sind psychische Erkrankungen, zum Beispiel Depressionen, eine wichtige Ursache dafür, dass Erwerbstätige vorzeitig aus dem Berufsleben ausscheiden müssen. Ohne Berufsunfähigkeitsversicherung gehen Selbständige in einer solchen Situation völlig leer aus, zudem ist es ihnen nicht mehr möglich, eine Altersvorsorge aufzubauen.

GUT ZU WISSEN

Der feine Unterschied

Die private Berufsunfähigkeitsversicherung zahlt eine vorab vereinbarte Rente, wenn man in seinem Beruf aus gesundheitlichen Gründen nicht mehr arbeiten kann. Dagegen leistet die gesetzliche Rentenversicherung nur, wenn die versicherte Person nicht in der Lage ist, drei Stunden oder mehr am Tag irgendeine denkbare Beschäftigung auszuüben.

Legen Sie Ihre private Berufsunfähigkeitsversicherung so an, dass die Berufsunfähigkeitsrente im Versicherungsfall bei etwa 75 Prozent des letzten Bruttoeinkommens liegt, um den Lebensstandard bei Arbeitsunfähigkeit abzusichern. Für eine Berufsunfähigkeitsversicherung müssen Sie zwischen 25 und 50 Euro monatlich einplanen.

Beiträge

Unfallversicherung

Im Gegensatz zur betrieblichen Unfallversicherung gilt die private Unfallversicherung rund um die Uhr und umfasst sowohl Unfälle am Arbeitsplatz als auch in der Freizeit. Für Selbständige – vor allem in risikoreichen Berufen – ist diese Versicherung, die ab etwa 70 Euro pro Jahr zu haben ist, sehr sinnvoll.

Die private Unfallversicherung zahlt, wenn Sie durch einen Unfall einen bleibenden körperlichen Schaden erleiden. Die Höhe der Leistung richtet sich nach der vereinbarten Versicherungssumme und nach dem Grad der Invalidität. Dieser wird nach der sogenannten Gliedertaxe bestimmt, die Teil des Versicherungsvertrags ist.

BEISPIEL: VERLUST DES DAUMENS

Der Versicherungsnehmer hat eine Versicherungssumme von 100.000 Euro vereinbart. Durch einen Unfall verliert er einen Daumen. Nach der Gliedertaxe bedeutet dieser Verlust eine Invalidität von 20 Prozent. Die versicherte Person erhält daher als Kapitalabfindung 20.000 Euro ausbezahlt.

Die einmalige Invaliditätsleistung nach einem Unfall ist dazu bestimmt, dass ein Betroffener beispielsweise seine Wohnung oder sein Auto umbauen sowie zusätzliche Hilfsmittel, Therapien und eine Haushaltshilfe bezahlen kann.

Progression Möchten Sie die Invaliditätsleistung erhöhen, können Sie entweder die Versicherungssumme heraufsetzen oder vertraglich eine sogenannte Progression vereinbaren. Diese sieht vor, dass die Leistungen je nach Invaliditätsgrad stufenweise gesteigert werden. Welches Progressionsmodell für Sie sinnvoll ist, hängt von Ihren individuellen Bedürfnissen als Versicherter ab. Besprechen Sie Ihren persönlichen Versicherungsbedarf mit einem Finanzberater Ihres Vertrauens, bevor Sie sich entscheiden.

Wer sich für eine Unfallrente entscheidet, für den ist der sogenannte Grad der Behinderung der relevante Faktor. Dieser wird vom Versorgungsamt oder vom Amt für Soziale Angelegenheiten festgestellt. Solange der Grad der Behinderung durch einen gültigen Schwerbehindertenausweis nachgewiesen wird, bezahlt die Versicherung die entsprechende Rente.

Risikolebensversicherung

Absicherung der Familie Sind Sie Hauptverdiener und ist Ihre Familie somit finanziell von Ihnen abhängig, sollten Sie auch für den Fall Ihres Todes vorsorgen: Ihre Familie erhält dann den versicherten Betrag. Die Beiträge sind relativ niedrig.

Krankentagegeld

Ob es für Sie sinnvoll ist, eine Krankentagegeldversicherung abzuschließen, hängt davon ab, ob Sie eine vorübergehende Arbeitsunfähigkeit aufgrund von Krankheit selbst tragen und die Einkommenseinbußen mit eigenen Mitteln ausgleichen können und wollen. Falls Sie lieber auf Nummer sicher gehen möchten, schließen Sie eine Krankentagegeldversicherung bei Ihrer Krankenkasse ab. Diese übernimmt ab einer bestimmten zu vereinbarenden Zahl von Krankheitstagen den Verdienstausfall. Gesetzliche Versicherungen zahlen das Krankentagegeld ungefähr eineinhalb Jahre aus, private bis zu zwei Jahren beziehungsweise bis zur Feststellung einer Berufsunfähigkeit.

Pflegezusatzversicherung

Mit der Krankenversicherung wird auch die Pflegebedürftigkeit abgesichert. Die normale Pflegeversicherung – ganz gleich ob gesetzlich oder privat – deckt aber nur einen Teil der tatsächlichen Kosten ab. Die Pflegekosten liegen bei 2.500 Euro pro Monat und mehr, doch die normale Pflegeversicherung zahlt maximal 1.432 Euro aus. Diese Lücke können Sie durch eine Pflegezusatzversicherung schließen. Die Beiträge hierfür liegen zwischen sieben und 45 Euro monatlich, abhängig von Alter, Gesundheit und Leistungsumfang. Als Faustregel gilt, dass sich die Beiträge bis zum 65. Lebensjahr auf einen Gesamtbetrag von etwa 6.000 Euro summieren. Sie können diese Versicherung auch erst in ein paar Jahren abschließen, allerdings steigen die Beiträge mit dem Alter.

Pflegekosten absichern

39. Was muss ich bei einer Teilzeit-Selbständigkeit beachten?

Große Bedeutung

Lange wurde unterschätzt, welche Bedeutung die Teilzeit-Selbständigkeit hat. Erst seit wenigen Jahren ist klar, dass mehr als die Hälfte aller Gründungen in Deutschland in dieser Form geschehen. Das ist auch deshalb der Fall, weil sich so eine hauptberufliche Selbständigkeit vorab austesten und optimal vorbereiten lässt. Allerdings sehen viele Gründer die Vollzeit-Selbständigkeit gar nicht als Ziel. In ihrem Leben gibt es andere wichtige Dinge, sie haben gar nicht die Zeit oder den Drang, voll zu arbeiten:

- Sie kümmern sich um Kinder und/oder Haushalt.
- Im Hauptberuf sind sie Angestellte oder Beamte.
- Sie beziehen Arbeitslosengeld I oder II und sind auf der Suche nach einer neuen Anstellung.
- Sie studieren oder machen eine andere zeitaufwendige Ausbildung.
- Sie beziehen bereits Rente.

Trotzdem schätzen sie ihre Selbständigkeit – nicht nur wegen des zusätzlichen Einkommens, sondern auch, weil sie es ermöglicht, mit anderen Menschen zusammenzukommen, sich beruflich zu beweisen und den Anschluss zu halten.

Hohe Mindestbeiträge zur Sozialversicherung zunächst vermeiden

Betrags- und Zeitgrenzen

Sie wollen sich in Teilzeit selbständig machen oder sind es bereits? Dann müssen Sie als gesetzlich Versicherter sehr genau wissen, welche Betrags- und Zeitgrenzen Sie in Hinblick auf Ihr Einkommen und Ihre Arbeitszeit zu beachten haben. Denn wie alle Selbständigen müssen Sie nicht nur für den Arbeitgeber- und den Arbeitnehmeranteil aufkommen, sondern auch vergleichsweise hohe Mindestbeiträge in die Kranken- und Pflegeversicherung zahlen (→ 37. Muss ich weiter in die Sozialversicherung einzahlen und wenn ja, wie viel?), sobald Sie bestimmte Verdienstgrenzen überschreiten und somit als hauptberuflich selbständig gelten. Und dann lohnt sich die Teilzeit-Selbständigkeit womöglich gar nicht mehr.

Als hauptberuflich selbständig gelten Sie, wenn Sie eine oder mehrere der folgenden Bedingungen erfüllen:

- Sie beziehen in der Regel den größeren Teil des Einkommens aus der selbständigen Tätigkeit.

- Sie arbeiten mehr als 20 Stunden pro Woche selbständig.

- Sie beschäftigen einen Mitarbeiter mehr als nur geringfügig (bis 400 Euro pro Monat).

Das heißt im Umkehrschluss: Wenn Sie erkennbar unterhalb dieser Grenzen bleiben, gelten Sie als nebenberuflich selbständig. Wenn Sie hauptberuflich einer sozialversicherungspflichtigen Tätigkeit nachgehen, sind Sie darüber abgesichert und müssen auf Ihren Gewinn noch nicht einmal Versicherungsbeiträge bezahlen.

Nebenberuflich selbständig

Während des Arbeitslosengeld-I-Bezugs gilt ein Freibetrag von 165 Euro pro Monat. Was Sie mehr an Gewinn erzielen, wird Ihnen zu 100 Prozent vom Arbeitslosengeld abgezogen. Aber: Die Freigrenze erhöht sich ganz erheblich, wenn Sie schon vor Beginn der Arbeitslosigkeit längere Zeit nebenberuflich selbständig tätig waren. Beim Arbeitslosengeld-II-Bezug gilt ein Freibetrag von 100 Euro, darüber hinausgehende Gewinne werden zu 80 bis 90 Prozent verrechnet. In beiden Fällen sind Sie im Rahmen des Arbeitslosengeldbezugs sozialversichert.

Es gilt noch viele weitere Details, Betrags- und Stunden-grenzen zu beachten. Nicht zuletzt müssen Sie vor Auf-nahme einer Nebentätigkeit in aller Regel Ihren Arbeitge-ber um Erlaubnis fragen, die dieser aber in den meisten Fällen erteilen muss.

Mehr Selbstbewusstsein bitte!

Wichtige Argumente

Teilzeit-Selbständige beurteilen sich und ihre Arbeit oft als nicht vollwertig und fürchten, auch von anderen nicht ernst genommen zu werden. Und das, obwohl sie wegen des begrenzten Zeitbudgets oft besonders effektiv sind. Sich selbst zu organisieren ist oft schwierig, denn viele arbeiten von zuhause aus. Es gehört viel Selbstdisziplin dazu, den privaten und den beruflichen Lebensbereich klar zu trennen. Sie sind oder werden selbst teilzeitselb-ständig? Dann sollten Sie diese Argumente verinnerlichen und selbstbewusst über Ihre Selbständigkeit sprechen, Sie haben allen Grund dazu.

Gründungs-förderung

Viele Teilzeit-Selbständige denken übrigens, dass sie kei-nen oder nur eingeschränkt Anspruch auf Gründungs-förderung haben und verzichten deshalb leichtfertig auf Vorteile: Der Gründungszuschuss und damit das Grün-dercoaching Deutschland setzt zwar eine hauptberufli-che Gründung voraus, diese ist aber theoretisch schon ab 15 Stunden, in der Praxis ab etwa 25 bis 30 Stunden gege-ben. Auch Mikrokredite und größere Gründerkredite können Teilzeit-Selbständige beantragen. Die Mikrofinanzinstitute und Banken vergeben an Teilzeit-Selbständige sogar bevor-zugt Kredite, denn sie verfügen häufig über ein zusätzliches Einkommen. Zudem sind die Geschäftsmodelle oft beson-ders gut berechenbar und risikoarm. Auch geförderte Bera-tung steht Teilzeitgründern offen (→ 16. Wie bekomme ich vor oder nach der Gründung geförderte Beratung?).

40. Wie komme ich möglichst schnell an mein Geld, wenn Kunden nicht zahlen wollen?

Finden Sie möglichst rasch den wahren Grund heraus, warum Ihr Kunde nicht zahlt:

- Der Kunde hat die Rechnung nicht erhalten oder er hat sie verloren.
- Der Kunde hat die Rechnung vergessen oder sie liegt auf einem Stapel unerledigter Aufgaben.
- Die Rechnung hat formale Mängel, zum Beispiel fehlt darin eine Pflichtangabe oder die Firmenbezeichnung ist falsch.
- Der Kunde hält die Rechnung in dieser Höhe für nicht berechtigt oder es liegt ein Ärgernis oder Missverständnis vor, über das er vor der Bezahlung mit Ihnen sprechen wollte.
- Der Kunde glaubt, dass die Leistung noch nicht vollständig erbracht worden ist.
- Der Kunde will möglichst spät bezahlen.
- Der Kunde will nicht bezahlen.
- Der Kunde kann nicht bezahlen.

So manches lässt sich bereits mit einem kurzen Anruf beim Kunden klären. Doch oft entpuppen sich säumige Zahler als sehr hartnäckig und stellen Ihre Geduld auf die Probe.

Kurzer Anruf

Was tun gegen Zahlungsmuffel? Streng genommen brauchen Sie seit Änderung des § 286 Bürgerliches Gesetzbuch (BGB) im Jahr 2000 gar keine Mahnungen mehr zu versenden. Denn seitdem gilt: „Der Schuldner einer Entgeltforderung kommt spätestens in Verzug, wenn er nicht innerhalb von 30 Tagen nach Fälligkeit und Zugang einer

Rechnung oder gleichwertigen Zahlungsaufstellung leistet; dies gilt gegenüber einem Schuldner, der Verbraucher ist, nur, wenn auf diese Folgen in der Rechnung oder Zahlungsaufstellung besonders hingewiesen ist."

Achten Sie also darauf, Ihre Rechnung zeitnah zu stellen und mit dem Vermerk „sofort fällig" zu versehen. Denn die 30-tägige Frist beginnt erst nach Fälligkeit und Eingang der Rechnung beim Empfänger zu laufen. Sie können den Schuldner aber auch durch eine Mahnung in Verzug setzen, wenn Sie die 30-tägige Frist nicht abwarten wollen oder wenn Sie es gegenüber einem Verbraucher versäumt haben, in Ihrer Rechnung ausdrücklich darauf hinzuweisen.

TIPP: WANN VERZUGSZINSEN FÄLLIG WERDEN

Sobald der Schuldner in Verzug gerät, können Sie sogenannte Verzugsschäden wie Mahn- und Rechtsanwaltskosten sowie Verzugszinsen in Rechnung stellen. Die Verzugszinsen orientieren sich an dem von der Bundesbank festgelegten „Basiszinssatz nach § 247 BGB" (siehe unter www.bundesbank.de).

Beschleunigtes Mahnverfahren

Gegen säumige Zahler gehen Sie am besten mit dem beschleunigten Mahnverfahren vor, das Sie maximal zwei Briefe und einen Anruf kostet:

- Zahlungserinnerung: Ist die vereinbarte Zahlungsfrist abgelaufen oder sind bei sofortiger Fälligkeit zehn bis 14 Tage verstrichen, versenden Sie eine freundlich formulierte Zahlungserinnerung, für den Fall, dass der Kunde die Zahlung übersehen hat. Geben Sie darin eine konkrete Frist zur Zahlung von sieben bis zehn Tagen nach Versand der Zahlungserinnerung an („Bitte überweisen Sie den Betrag von 2.244 Euro bis zum 2.4.2012."). Alternativ können Sie sich an der gesetzlichen 30-Tage-Frist orientieren. Weisen Sie den Schuldner darauf hin, dass er mit Erhalt der Zahlungserinnerung in Verzug gerät und welche Rechtsfolgen das hat. Für die erste Mahnung innerhalb der ersten 30 Tage können Sie noch keinerlei Kostenerstattung verlangen.

* Anruf: Ist die von Ihnen gesetzte Frist abgelaufen, ohne dass Sie das Geld bekommen haben, sollten Sie persönlich beim Kunden anrufen und sich um eine Klärung bemühen. Fragen Sie nach, bis wann Sie verbindlich mit der Zahlung rechnen können. Wenn Sie feststellen, dass der Schuldner in Zahlungsschwierigkeiten ist, handeln Sie wenigstens eine Teilzahlung aus – auch bei kleinen Beträgen.

* „Letzte Mahnung": Konnten Sie sich am Telefon nicht einigen, hält sich der Schuldner nicht an die Abmachungen oder ist er telefonisch nicht zu erreichen, verschicken Sie zeitnah eine „letzte Mahnung". Setzen Sie eine Frist von fünf bis sieben Tagen bis zur Zahlung. Jetzt sollten Sie auch mit einem Mahnbescheid drohen oder mitteilen, dass Sie die Angelegenheit an ein Inkassobüro übergeben werden, falls Ihr Schuldner die gesetzte Frist nicht einhält.

Das gerichtliche Mahnverfahren

Wenn nach wie vor kein Geld auf Ihr Konto eingeht, können Sie gerichtliche Schritte einleiten. Füllen Sie das Mahnbescheidformular am besten gleich online aus (www.online-mahnantrag.de) und reichen Sie den Ausdruck bei der zuständigen Zentralstelle der Amtsgerichte in Ihrem Bundesland ein. Das Amtsgericht prüft den Mahnbescheid rein formal und stellt ihn dem Schuldner zu. Dieser hat dann zwei Wochen Zeit, Widerspruch einzulegen. Tut er das nicht, erfolgt der Vollstreckungsbescheid, mit dem der Gerichtsvollzieher das Geld eintreiben kann.

Weiteres Vorgehen

GUT ZU WISSEN

Wann lohnt sich ein Mahnverfahren?

Beachten Sie, dass ein gerichtliches Mahnverfahren recht langwierig und mit Kosten verbunden ist. In der Regel lohnt sich dieser Schritt erst ab einem Rechnungsbetrag von 100 Euro.

Soll ich ein Inkassobüro einschalten?

Kostengünstige Lösung

Sie können auch ein Inkassobüro damit beauftragen, Ihre Forderungen einzutreiben. Es übernimmt dann die Kommunikation mit dem Nichtzahler. Etliche Anbieter finanzieren sich komplett aus den Mahngebühren, die den Schuldnern in Rechnung gestellt werden. Ihnen als Gläubiger entstehen zunächst keinerlei Kosten: Wenn es gut läuft, überweist der Schuldner den Rechnungsbetrag und die Mahnkosten an das Inkassobüro, das an Sie den gesamten ausstehenden Rechnungsbetrag weitergibt. Wenn der Schuldner die Rechnung nicht begleicht, erhalten Sie nichts, müssen aber auch nichts zahlen.

Wie steht's mit der Bonität?

Vorsorgen ist besser als heilen. Das gilt auch, wenn es um schlechte Zahler geht. Um das Risiko einer Zahlungsverzögerung oder gar eines Zahlungsausfalls schon im Vorfeld möglichst gering zu halten, sollten Sie sich zumindest bei größeren Aufträgen von Neukunden über deren Bonität informieren: Liegen Insolvenzverfahren, Mahn- und Vollstreckungsbescheide vor?

Angebote im Internet

Zahlreiche Dienstleister stellen ihre diesbezüglichen Angebote im Internet bereit. Auskünfte über Privatpersonen, dazu zählen auch Einzelunternehmer, erhalten Sie schon für fünf bis zehn Euro. Für Firmenauskünfte müssen Sie mindestens zehn bis 25 Euro, oft auch mehr bezahlen. Einige Anbieter wie Creditreform oder Schufa verlangen sogar eine Mitgliedschaft, die mit einigen Hundert Euro Jahresbeitrag verbunden ist, bevor sie überhaupt Informationen weitergeben.

KAPITEL 6

Wie stelle ich mein Unternehmen nach außen dar?

In diesem Kapitel geht es um die Kundengewinnung und insbesondere um das Thema Marketing: Welche Werbemaßnahmen sorgen zuverlässig für Neukunden? Mit welchen Materialien treten Sie nach außen auf? Mit welchen inhaltlichen und emotionalen Argumenten positionieren Sie sich gegenüber Wettbewerbern? Besonders kostengünstig und wirkungsvoll ist die Kundengewinnung mittels Internet, Networking und Pressearbeit.

41. Wie geht Marketing und wie sieht ein Marketingplan aus?

Definition Wenn Existenzgründer über Marketing sprechen, dann meinen sie eigentlich Werbung: im Grunde also alle Maßnahmen, die für Bekanntheit, Image und vor allem für konkrete Kundenanfragen sorgen. Eigentlich gehört zum Marketing aber noch viel mehr: Produktgestaltung und Preispolitik bestimmen, wie attraktiv Ihre Leistungen für Ihre Zielgruppe sind. Die Distributions- und Vertriebspolitik beinhaltet die Entscheidung, ob Sie alle Kunden direkt ansprechen oder ob Ihre Leistung auch oder sogar nur mittelbar über Vertreter, Agenturen oder Internetportale zu bekommen ist.

Neben diesen grundlegenden Entscheidungen sollten Sie bereits Ihr Werbekonzept in Grundzügen definieren, während Sie Ihren Businessplan schreiben. Überlegen Sie sich, welche Marketinginstrumente zu Ihnen passen. Wo würden die Mitglieder Ihrer Zielgruppe sich informieren, wenn sie Bedarf nach Ihren Leistungen haben? Wenn Sie eine Kundenbefragung (→ 8. Gibt es einen Markt für meine Leistungen?) durchgeführt haben, haben Ihre künftigen Kunden diese Frage ja bereits direkt beantwortet.

Beschränken Sie sich nicht nur auf Werbung im klassischen Sinn wie Anzeigen, Telefonbucheinträge, Flyer, Prospekte, Messestände oder Außenwerbung (Plakate). Viele Selbständige finden ihre Kunden über das Internet, also über ihre Website, mithilfe von E-Mail-Marketing, Textanzeigen in Suchmaschinen und Suchmaschinenoptimierung sowie innerhalb sozialer Netzwerke. Viele rufen potenzielle Kunden direkt an und versenden dann Flyer und andere Materialien per Post. Dienstleister setzen häufig auf den persönlichen Kontakt und betreiben aktives Networking, besuchen Veranstaltungen, halten Vorträge oder organisieren Kundenevents. Auch die Pressearbeit lässt sich im weiteren Sinn zum Marketing zählen.

Verschiedene Wege nutzen

Der zeitliche und finanzielle Aufwand für jede einzelne dieser Maßnahmen kann ganz erheblich sein, teilweise bauen sie aufeinander auf: Um potenzielle Kunden anrufen zu können, müssen Sie zunächst eine Liste mit Namen und Telefonnummern erstellen. Die Angerufenen wollen häufig schriftliche Unterlagen zugemailt bekommen, sodass Sie ein Anschreiben und einen Flyer (PDF genügt zunächst) vorbereiten sollten, um schnell auf diesen Wunsch reagieren zu können.

Überlegen Sie sich wegen des hohen Aufwands ganz genau, welche Marketingmaßnahmen am aussichtsreichsten sind. In der Gründungsphase können Sie das eine oder andere auch ganz einfach testen. Rufen Sie zum Beispiel

Maßnahmen testen

zunächst einige kleinere, nicht ganz so wichtige Kunden an, um zu üben und Erfahrungen zu sammeln.

TIPP: ERSTELLEN SIE EINEN MARKETINGPLAN

Da Sie ja noch nicht wissen, welche Marketingmaßnahme sich als der größte Kundenbringer herausstellt, sollten Sie die aussichtsreichsten Vorhaben auflisten und für die nächsten sechs bis zwölf Monate einen Plan aufstellen, zum Beispiel so:

- Pressemitteilungen: 1 im März, 1 im Mai
- Messestand: 3 Tage im April, 1 Tag im Juni
- Telefonaktionen: 40 Kunden pro Monat, ab dem 4. Monat 20 Kunden
- Networking: je 6 Abende in den ersten 2 Monaten, danach monatlich 4 Abende

Ohne diese Vorüberlegungen kann es passieren, dass Sie von Werbeverkäufern angerufen und zu einer bestimmten Maßnahme überredet werden, zum Beispiel zu einer Anzeige im Telefonbuch, im Wochenblatt oder einem Radiospot. Sie machen dann Werbung nach dem Zufallsprinzip, was in aller Regel nicht zum Erfolg führt.

Positionierung

Werden Sie sich darüber klar, was Ihr Kundennutzen ist, was Sie von anderen unterscheidet, warum Ihre Leistungen besser sind (→ 43. Wie positioniere ich mich am besten im Wettbewerb?). Mit welchen sachlichen und emotionalen Argumenten können Sie Ihre Kunden gewinnen? Mit dieser Vorarbeit können Sie Dienstleistern ein genaues Briefing geben. Das führt nicht nur zu besseren Ergebnissen, sondern vermeidet auch viele Umwege. Somit sparen Sie Zeit und Geld.

Betrachten Sie Marketing als ständigen Lernprozess – und zwar nicht nur, was die Auswahl der Maßnahmen, sondern auch, was deren genaue Ausgestaltung angeht. Lassen Sie deshalb nicht gleich 25.000 Flyer verteilen, sondern machen Sie sich erst mal selbst mit 250 Stück auf den Weg. Dann haben Sie die Chance, auf Feedback und Fragen der Kunden zu reagieren, indem Sie das Werbemittel Schritt für Schritt optimieren. Wenn gar kein Rücklauf zu beobachten ist, können Sie die Aktion abbrechen, noch bevor Sie viel Geld investiert haben.

Sparen Sie aber nie an der falschen Stelle, indem Sie Flyer und andere Werbemittel selbst erstellen. Das spricht nicht für Professionalität. Die Ausgaben für einen guten Grafiker lohnen sich fast immer, ansonsten erreichen Sie mit Ihrer Werbung genau das Gegenteil von dem, was Sie wollen.

Ihr Ziel sollte es sein, Marketingmaßnahmen zu entwickeln, die zuverlässig zu einer bestimmten Reaktionsquote („Response") führen. Es kommt dabei nicht nur auf die Anzahl der Anfragen an, sondern auch darauf, ob es sich um qualifizierte, zahlungsbereite Interessenten handelt, denen Sie Ihre Leistung mit überschaubarem Aufwand verkaufen können. Wenn Sie derart berechenbare Maßnahmen entwickelt haben, werden Sie nur zu gerne Ihre Marketingausgaben erhöhen, denn Sie wissen: Es handelt sich um eine Investition, die mit großer Wahrscheinlichkeit zu einem Vielfachen an Umsatz führen wird.

Reaktionsquote

Um herauszufinden, welche Marketingmaßnahmen funktionieren, sollten Sie jeden Interessenten und vor allem jeden Kunden fragen, wie er auf Sie aufmerksam geworden ist, und die Antworten regelmäßig auswerten. Nicht jeder Kunde wird noch ganz genau wissen, welcher Weg ihn zu Ihnen geführt hat. Manchmal sind auch mehrere Kontakte nötig, bis sich ein Kunde für Ihr Produkt oder Ihre Dienstleistung entscheidet. Auch wenn die Daten nicht ganz exakt sind, werden sie Ihnen helfen, Ihr Marketing auf die aussichtsreichsten Maßnahmen zu konzentrieren.

Empfehlungen

Ein Teil der Kunden wird angeben, auf Empfehlung von anderen zu kommen. Wenn dies bei 50 Prozent Ihrer Kunden der Fall ist, bedeutet das nichts anderes, als dass sich die Wirkung Ihrer Marketingausgaben durch die Empfehlungen verdoppelt hat. Diesen Prozentsatz können Sie noch weiter erhöhen, indem Sie sich bei Empfehlern bedanken und das Weiterempfehlen so einfach wie möglich machen. Wenn sich Ihr Produkt dafür eignet, können Sie vielleicht sogar ein Prämien- oder Affiliateprogramm (Vermittler erhalten automatisch eine Provision) einrichten.

Nicht nur mit Weiterempfehlungen lässt sich die Wirkung von Marketingausgaben verstärken. Auch wenn es Ihnen gelingt, dass aus einmaligen Kunden „Wiederholungstäter" werden, kann das schnell zu einer Verdopplung des Umsatzes führen. Die Ausgaben dafür, bestehende Kunden zu begeistern und zu binden, sind viel niedriger als die für die Neukundengewinnung. Zudem sind Stammkunden weniger preissensitiv, vergeben Aufträge häufiger informell und empfehlen Sie auch noch oft weiter. Überlegen Sie deshalb, mit welchen Marketinginstrumenten Sie die Kundenbindung sowie das Up- und Cross-Selling erhöhen können. Mit Up-Selling erhöhen Sie den Wert einzelner Aufträge, mit Cross-Selling verkaufen Sie zusätzliche Produkte. Planen Sie also auch Telefon- und Mailingaktionen für bestehende Kunden ein, statt sich die ganze Zeit nur bei der Neukundengewinnung aufzureiben.

42. Was gehört zu einer ordentlichen Geschäftsausstattung?

Basics

Visitenkarten und Briefbogen – das sind die Basics für Ihre tägliche Geschäftskommunikation. Ergänzen lässt sich das durch allerlei Nützliches wie Powerpoint-Master für Präsentationen, Mappen für Unterlagen, Stempel und Faxvorlagen. Oft kommen ein Flyer und eine einfache, aus wenigen Seiten bestehende Website hinzu. Doch für alles, was zu Ihrer Geschäftsausstattung zählt, brauchen Sie erst einmal ein einheitliches Corporate Design. Wichtigster Bestandteil hiervon ist das Logo.

Ein gelungenes Logo – daran erinnert man sich gern

Ein gutes Logo prägt sich schnell ein und hat einen hohen Wiedererkennungswert. Sparen Sie deshalb nicht an der falschen Stelle und beauftragen Sie einen Fachmann mit der Logoentwicklung. Ein klares Briefing vorausgesetzt, kann Ihnen ein Grafiker in vergleichsweise kurzer Zeit einen Vorschlag machen. Sie selbst bräuchten sicherlich mehr als die zehn Stunden, die Sie im Businessplan dafür ansetzen sollten. Bevor Sie lange nach einem guten Grafiker suchen, fragen Sie ganz einfach andere Selbständige, deren Logo Ihnen gut gefällt, nach einer Empfehlung.

Beim Logo entscheiden Sie sich am besten für eine Kombination aus Schriftzug und Bild. Überlegen Sie, ob sich Ihr Name, ein Namensbestandteil, Ihr Beruf, Ihre Waren oder Ihre Dienstleistung bildhaft darstellen lassen. Der Grund: Bilder prägen sich leichter ein als Buchstaben. Das Logo muss zudem gut lesbar sein: sowohl in Farbe als auch in Schwarz-Weiß, sowohl stark vergrößert als auch verkleinert. Testen Sie außerdem die Lesbarkeit nach dem Kopieren und Faxen.

Bildwortmarke

Klären Sie mit dem Grafiker ab, dass Sie das Logo ohne weitere Nutzungsgebühren beliebig verwenden können. Es empfiehlt sich sowieso, auf alle Ihre Wünsche direkt bei der Auftragsvergabe und beim Briefing hinzuweisen.

Nutzung klären

169

Visitenkarten – eine gute Empfehlung

Mit überschaubarem Zusatzaufwand kann Ihnen der Grafiker gleich weitere Teile Ihrer Geschäftsausstattung, zum Beispiel Visitenkarten, Briefpapier und Stempel, gestalten. Für Flyer und Website müssen Sie dagegen noch einmal erheblich mehr Arbeitszeit einkalkulieren – auch, was Ihren Input betrifft.

> **TIPP: LASSEN SIE ALS ERSTES VISITENKARTEN DRUCKEN**
>
> Visitenkarten sollten Sie von Anfang an besitzen, auch schon vor der Gründung, wenn der Firmenname und das Logo noch nicht feststehen. Schon während der Gründungsphase lernen Sie potenzielle Kunden kennen. Es wäre schade, wenn Sie diese Chancen auf erste Kontakte ungenutzt verstreichen ließen.

Für die ersten Exemplare gilt: Finden Sie das rechte Maß. Sparen Sie nicht übertrieben und wählen Sie bitte keine kostenlosen Visitenkarten mit Werbeaufdruck! Die meisten Menschen, denen Sie begegnen, werden unwillkürlich Rückschlüsse auf Ihre Ernsthaftigkeit und Professionalität ziehen. Tatsächlich muss ein Druckauftrag nicht teuer sein, recherchieren Sie hierzu im Internet. Achten Sie darauf, ob bei einem Angebot Gebühren für Zusatzleistungen anfallen, die Sie gar nicht benötigen. Einige Firmen bieten auch an, dass Sie die Visitenkarten selbst online zusammenstellen können.

Das gewisse Extra macht's

Nutzen schaffen

Oft genügt schon ein kleines Detail, um aufzufallen: Lassen Sie die Visitenkarte in einem größeren Format drucken oder auf einer Klappkarte. Oder versehen Sie die Rückseite der Karte mit einer Anfahrtsskizze, einer Terminerinnerung, einem Gutschein für den nächsten Einkauf, einer Checkliste, Ihren wichtigsten Verkaufsargumenten oder kostenlosen Serviceangeboten. Solche nützlichen Extras können bewirken, dass der potenzielle Kunde Ihre Visitenkarte längere Zeit aufbewahrt und immer wieder an Sie erinnert wird. Bei Beratern, Trainern, medizinischen und anderen persönlichen Dienstleistern kann ein gelungenes Foto wirksamer sein als das beste Logo. Seien Sie experimentierfreudig und spielen Sie verschiedene Varianten durch.

Nur drucken, was tatsächlich Nutzen bringt

Keine Frage: Alles im einheitlichen Corporate Design, das wirkt sehr professionell. Doch überlegen Sie genau, was Sie für Ihre Zwecke benötigen, und geben Sie nicht Geld für Drucksachen aus, die Ihnen keinen Nutzen bringen und schnell veralten. Auch in der Geschäftskommunikation läuft inzwischen vieles digital. E-Mails und Newsletter sind schneller und kostengünstiger verschickt als gedruckte Briefe. Die meisten Kunden informieren sich auf einer übersichtlichen Website und wollen Dokumente dann schnell als PDF erhalten, statt auf einen Flyer zu warten, der mit der Post verschickt wird.

Digitale Kommunikation

Denken Sie darüber nach, bei welchen Gelegenheiten Sie mit Kunden oder Interessenten kommunizieren und wie das vor sich geht. Welche grafisch gestalteten Medien brauchen Sie dabei überhaupt und welche sind vielleicht gar nicht nötig?

TIPP: FLEXIBEL BLEIBEN UND NUR DAS LOGO DRUCKEN

Verzichten Sie darauf, Ihre Drucksachen mit Angaben zu versehen, die sich schnell ändern können, denn sonst veralten sie möglicherweise rasch. Lassen Sie auf Ihr Briefpapier also zum Beispiel nur das Logo drucken. Adresse, Bankverbindung und ähnliche Informationen ergänzen Sie selbst.

---

43. Wie positioniere ich mich am besten im Wettbewerb?

Zielgruppe festlegen

Schon bevor Sie durchstarten, sollten Sie eine möglichst klare Vorstellung davon haben, wer Ihnen Ihre Leistungen abkaufen wird. Wer also ist Ihre Zielgruppe?

So wähle ich die Zielgruppe aus

Jeder Kontakt kostet Zeit und Geld. Deshalb sollten Sie sich klar darüber sein, wen Sie ansprechen wollen und wie Sie die Betreffenden erreichen können. Wenn Sie Ihre Ziel- und Teilzielgruppen gut kennen, können Sie Ihre Produkte und Dienstleistungen ganz auf deren Bedürfnisse abstimmen. Und dadurch werden Sie es schaffen, dass Ihre Leistung für diese Menschen besonders attraktiv und nützlich ist.

Ihre Chance

Die ausgewählte Zielgruppe muss groß genug sein, damit Sie sich bei einem mittelfristig realistischerweise zu erreichenden Marktanteil ausreichend Umsatz sichern können. Vielleicht entdecken Sie ja eine vernachlässigte Zielgruppe inmitten einer hart umkämpften Branche? Entscheidend ist, dass Sie genau erkennen, was Ihre potenziellen Kunden brauchen. Große Wettbewerber übersehen es oft, wenn sich neue Zielgruppen mit speziellen Wünschen und Bedürfnissen herausbilden. Das ist Ihre Chance als Gründer!

Wie ich meinen Markt erkunde

Als Nächstes steht auf dem Programm, sich mit der Marktsituation auseinanderzusetzen. Denn nur wenn der Markt groß genug ist und Sie sich gegenüber Ihren Wettbewerbern durchsetzen können, werden Sie erfolgreich sein.

Benennen Sie zunächst einmal den Markt oder die Branche, in der Sie tätig sind. Klingt einfach – doch was ist, wenn Ihre Dienstleistung so neuartig ist, dass noch gar kein Markt existiert, oder so einmalig, dass es keine Wettbewerber gibt? Wahrscheinlich ist Ihnen dann entgangen, dass die Bedürfnisse, die Sie mit Ihrer Lösung befriedigen wollen, bereits von bestehenden Unternehmen auf andere Weise erfüllt werden. Stellen Sie sich dann die folgenden Fragen und recherchieren Sie gegebenenfalls Informationen hierzu, um gedanklich weiterzukommen.

Markt-analyse

- Um welche Branche/um welchen Markt handelt es sich?

- Welche Strukturen und Mechanismen kennzeichnen den Markt?

- Wie hat sich der relevante Markt in der Vergangenheit entwickelt?

- Welche Entwicklungen und Trends sind absehbar?

- Welchen Marktanteil strebe ich an?

Wissen, wer zur Konkurrenz zählt

In jedem Businessplan muss ein Alleinstellungsmerkmal benannt sein. Bevor Sie dieses klar fassen können, steht die Analyse der Konkurrenz an. Schließlich müssen Sie ja wissen, wer Ihre Wettbewerber sind, was sie anbieten und auf welche Art und Weise.

Auf Ihrem Markt tummeln sich große und kleine, spezialisierte und breit aufgestellte Wettbewerber. Während einige vor allem Vorbildcharakter für Sie haben, sind andere unmittelbare Konkurrenten. Um sich einen Überblick zu verschaffen, kann es sinnvoll sein, die Wettbewerber in strategische Gruppen einzuteilen. Unterschieden wird dabei nach Marketing- und Vertriebsstrategie oder ande-

Strategische Gruppen

ren wichtigen strategischen Merkmalen. Nehmen Sie sich einen oder zwei Tage Zeit und versuchen Sie, möglichst viele Informationen zu sammeln. Ihre Analyse sollte am Ende Folgendes erkennen lassen:

- Die Zahl der Anbieter

- Die wichtigsten Wettbewerber

- Die Preise, die die Wettbewerber im Markt erzielen

- Die Art und Weise, wie sich Ihre Wettbewerber im Markt positionieren

- Eine mögliche Reaktion der Wettbewerber, wenn Sie in den Markt eintreten, sofern das überhaupt bemerkt wird

So bekommt mein Produkt einen USP

Der kleine Unterschied

Beim USP, also dem Unique Selling Proposition (einzigartiges Verkaufsversprechen), geht es darum, sich in einem wesentlichen Punkt positiv von der Konkurrenz abzuheben. Warum soll die Zielgruppe ausgerechnet Sie beauftragen? Oftmals genügt ein kleiner Unterschied: Eine verständlichere Produktbeschreibung, die schnellere Lieferung, eine schickere Verpackung, eine zusätzliche Dienstleistung oder ein freundliches Gespräch am Telefon sorgt möglicherweise dafür, dass Kunden sich für Sie entscheiden. Machen Sie sich daher die Mühe und arbeiten Sie den USP Ihres Angebots heraus.

- Die Ausgangsfrage lautet: Worin besteht der Kernnutzen für meine Kunden, für den diese zu zahlen bereit sind (Value Proposition)?

- Finden Sie heraus, welche Aspekte der Leistung für Ihre Kunden am wichtigsten sind, zum Beispiel Pünktlichkeit, Qualität, Diskretion.

- Finden Sie heraus, worüber Kunden in Ihrer Branche sich am häufigsten beschweren. Wenn Sie eines dieser Probleme lösen, haben Sie sich ein Alleinstellungsmerkmal erarbeitet.

- Formulieren Sie, in welchen Punkten sich Ihr Angebot von dem der Wettbewerber unterscheidet:

  - In Bezug auf die Produktqualität (Kundennutzen, Anwendung, Verpackung, Preis-Leistungs-Verhältnis etc.)?

  - In Bezug auf die Servicequalität (Termintreue, Zuverlässigkeit, Erreichbarkeit, Zahlungsbedingungen etc.)?

  - In Bezug auf die Marketingqualität (Verkaufsaktivitäten, Werbung, Öffentlichkeitsarbeit etc.)?

Denken Sie daran, dass Ihr Versprechen nur dann wirken kann, wenn es in der Wahrnehmung des Kunden tatsächlich zu Kosten- und Zeiteinsparungen führt oder einen höheren Nutzen bringt, zum Beispiel wenn es um Qualität, Auswahl, Geschwindigkeit oder Spaß geht. Achten Sie auch darauf, dass Ihr Nutzenversprechen realistisch ist!

Realistische Versprechen

44. Networking: Wie finde ich Fürsprecher, die mich empfehlen?

Networking ist nicht Verkaufen. Das ist wahrscheinlich die wichtigste Regel, die Sie für das Kontakteknüpfen kennen und beherzigen sollten. Denn wenn Sie bei Networking-Veranstaltungen unvermittelt Verkaufsgespräche beginnen, kommt das meistens nicht gut an. Bedenken Sie: Ihre Gesprächspartner sind nicht von sich aus auf Sie zugekommen, weil sie sich für Ihre Leistungen interessieren. Es wäre schon ein echter Zufall, wenn sie genau in diesem Moment Bedarf nach Ihrer Dienstleistung hätten.

Das heißt nicht, dass Sie nicht im geeigneten Moment selbstbewusst berichten sollten, was Sie beruflich tun. Im Gegenteil: Ein solches Gespräch ist eine hervorragende Chance, Selbstmarketing zu betreiben und den anderen neugierig auf sich selbst und die eigene Leistung zu machen (→ 8. Gibt es einen Markt für meine Leistungen?). Ziel ist aber nicht, dass der Gesprächspartner gleich etwas von Ihnen kauft, sondern dass er Sie in guter Erinnerung behält. Dann wird er sich bei Ihnen melden oder Sie weiterempfehlen, wenn bei ihm oder einem Bekannten der entsprechende Bedarf entsteht.

Aus Kalt- wird Warmakquise

Schlüssel-qualifikation

Für Selbständige ist Networking eine Schlüsselqualifikation, die erheblich dazu beitragen kann, Aufträge zu ergattern. Networking macht aus der Kalt- eine Warmakquise: Statt Fremde anzurufen und ihnen von Ihrer Gründung oder einer neuen Dienstleistung zu berichten, verfügen Sie bereits über Ansprechpartner, die Sie auch um Rat oder Empfehlungen bitten können. Idealerweise haben Sie bereits einige Fürsprecher, die Sie aktiv empfehlen, wenn bei ihnen oder in ihrem Bekanntenkreis ein Bedarf entsteht, den Sie decken können. Die Aufträge kommen zu Ihnen, Sie müssen nicht danach jagen.

Nehmen Sie sich Zeit

Machen Sie sich klar, dass Sie dafür Zeit brauchen. Ein Netzwerk besteht aus einer Vielzahl persönlicher Beziehungen und entwickelt sich nur nach und nach. Nicht die Menge der Visitenkarten, die Sie verteilen, zählt, sondern die Qualität der Bindungen. Beginnen Sie deshalb so früh wie möglich mit dem bewussten Auf- und Ausbau Ihres Netzwerks, dann wird es Ihnen leichterfallen, erste Kunden zu finden. Und falls es mit der Selbständigkeit nicht klappen sollte, hilft Ihnen Ihr Netzwerk möglicherweise, schnell wieder eine Anstellung zu finden.

Was Networking nicht ist: Manch einer betrachtet Networking als unentgeltlichen Austausch von Leistungen. Ich tue jemandem einen Gefallen und habe Anspruch auf eine Gegenleistung. Beim Network-Marketing nutzt man das Vertrauen von Angehörigen und Bekannten, um Ihnen meist überteuerte Produkte zu verkaufen. Im Extremfall erhält jemand aufgrund von „Vitamin B" einen Job oder einen Auftrag, für den er gar nicht qualifiziert ist, und verhilft dafür wiederum anderen in seiner „Seilschaft" zu Vorteilen. Mit dieser Art von Netzwerken wollen wir und bestimmt auch Sie nichts zu tun haben.

Beim Networking, wie wir es verstehen, geht man offen und interessiert auf andere Menschen zu, sucht im Gespräch aktiv nach gemeinsamen Interessen und hakt ein, wenn man dem anderen vielleicht helfen kann. Dafür erwartet man aber keine Gegenleistung und kann umgekehrt auch ohne vorherigen Gefallen den anderen um Rat oder eine kleine Hilfe bitten. Jeder darf eine solche Bitte ablehnen, zum Beispiel weil er keine Zeit hat oder sich in dem entsprechenden Bereich nicht auskennt. Die Beteiligten werden sich aber in der Regel bemühen, ihrem Gegenüber zumindest einen Hinweis zu geben oder einen Kontakt zu vermitteln. Man geht wertschätzend miteinander um und geizt nicht mit Dank und Lob, kritisiert wird in unserer Gesellschaft ohnehin genug. Das Ziel ist, Beziehungen zu netten und interessanten Menschen aufzubauen. Persönliches und Berufliches sind dabei nicht streng getrennt, sondern gehen ineinander über.

Der Umgang miteinander

Netzwerk erweitern

Sie wollen Ihr Netzwerk ausbauen? Dann nehmen Sie – als Interessent zunächst oft kostenfrei – an verschiedenen Networking-Veranstaltungen teil, zum Beispiel Veranstaltungen von Berufs- und Selbständigenverbänden, Branchenmessen und -events, im Event-Bereich von Xing gelistete Veranstaltungen oder Alumnitreffen Ihrer (Hoch-) Schule. Vielleicht wollten Sie auch schon immer mal in einen Lions oder Rotary Club hineinschauen, als Gründerin einem Frauennetzwerk beitreten oder eines der unzähligen anderen Netzwerke ausprobieren.

Beginnen Sie mit dem vorhandenen Netzwerk

Bevor Sie aber Ihre Abende mit solchen Veranstaltungen füllen, sollten Sie erst einmal Ihr eigenes, bereits bestehendes Netzwerk analysieren: Zeichnen Sie eine Mindmap mit Ihren aktuellen Kontakten, die Sie im Lauf der Jahre zum Beispiel über Ihre Familie, die Nachbarn, in Vereinen, in der Schule, im Studium, bei ehemaligen und aktuellen Arbeitgebern kennengelernt haben. Wahrscheinlich werden Sie auf eine Vielzahl interessanter, aber eingeschlafener Kontakte stoßen, die Sie nur zu erneuern brauchen. Sie fangen hier nicht bei Null an, sondern reaktivieren bestehende Beziehungen.

Priorisieren Sie Ihr vorhandenes Netzwerk: Wer sind Ihre wichtigsten potenziellen Kunden, Fürsprecher, Unterstützer, Multiplikatoren? Pflegen Sie den Kontakt zu ihnen, indem Sie Ereignisse wie Geburtstage, Jobwechsel oder Beförderungen zum Anlass für einen Anruf oder eine Nachricht nehmen. Internetplattformen wie Xing machen Sie automatisch auf solche Geschehnisse in Ihrem Netzwerk aufmerksam.

Kontaktpflege

Mit wem haben Sie schon mehrere Monate keinen Kontakt gehabt? Gehen Sie aktiv auf diejenigen Ihrer A-Kontakte zu und erneuern Sie Ihren „Erlaubnisschein". Damit meinen wir, dass Sie einen Kontakt, den Sie regelmäßig pflegen, jederzeit mit gutem Gewissen anrufen können, auch wenn Sie eine wichtige Frage haben oder sich andere Unterstützung erhoffen. So vermeiden Sie das, was jeder kennt: Dass man sich immer nur meldet, wenn man einen Gefallen haben möchte.

45. Wie gewinne ich Kunden über das Internet?

Kundengewinnung über das Internet ist heute ganz selbstverständlich und auch für kleine Unternehmen leicht und mit geringem finanziellem Aufwand umzusetzen. Lesen Sie nun, wie Sie mit einer funktionalen und ansprechenden Website im Internet Besucher anziehen und Kundenbeziehungen aufbauen.

Ihre Website

Nützliche Online-Informationen

Internetnutzer suchen häufig Informationen, die im Zusammenhang mit Produkten und Dienstleistungen zu einem bestimmten Thema stehen, zum Beispiel zu Kinderkrankheiten, Lohnsteuerfragen oder Autokauf. Wenn Ihre Website bei entsprechenden Stichworten ganz oben in der Ergebnisliste erscheint, erhalten Sie automatisch viele Besucher, die echtes Interesse haben. Durch Suchmaschinenoptimierung können Sie Ihre Position in der Suchergebnisliste verbessern. Oder Sie schalten Textanzeigen, die direkt neben der Suchergebnisliste erscheinen.

Eine der nachhaltigsten und preisgünstigsten Strategien ist es, hilfreiche und gehaltvolle Beiträge zu schreiben, also

Nutzen stiften

Informationen zu häufig gesuchten (und in Bezug auf Ihr Angebot relevanten) Begriffen kostenlos ins Netz zu stellen. Mit etwas Fantasie lassen sich zu jedem Beruf, zu jeder Branche und zu jeder Tätigkeit Fachartikel, Checklisten, Linksammlungen, Tipps und Anleitungen sowie interaktive Tests anbieten. Seien Sie ruhig großzügig mit Ihrem Know-how, das zahlt sich im Internet schnell aus. Schenken Sie den Besuchern etwas, das Nutzen stiftet. Manche werden wiederkommen, vor allem, wenn Sie regelmäßig neue Inhalte bieten. Und sie werden Sie weiterempfehlen. Einmal erstellt, wirbt Ihre Website dauerhaft für Sie. Der Weg zu einem Auftrag ist dann nicht mehr weit.

Newsletter zur Kontaktpflege

Kontaktpflege

Überlegen Sie, ob Sie Zeit investieren können und wollen, um regelmäßig einen Newsletter zu verfassen. Newsletter sind zwar mit viel Arbeit verbunden, haben sich aber als Instrument bei der Kontaktpflege sehr bewährt. Mit den Inhalten sollten Sie Ihren Lesern möglichst viel Nutzwert liefern. Neben Problemlösungen, Musterbeispielen, neuen Produkten und Angeboten machen sich Themen aus Ihrem Arbeitsumfeld gut. Beispiel: Wenn Sie Computerkurse für Firmenkunden anbieten, können Sie nützliche Tipps zu Programmen geben oder auf neue Softwaretools und Updates hinweisen. Mit interessanten Neuigkeiten binden Sie den Abonnenten möglichst dauerhaft, sodass er als Erstes an Sie denkt, wenn er selbst oder ein Bekannter einen Dienstleister oder Lieferanten mit einem Angebot wie dem Ihren sucht. Wenn Sie sich das Ziel setzen, dass möglichst viele Besucher Ihrer Website den Newsletter abonnieren, müssen Sie auf Ihrer Website prominent auf ihn aufmerksam machen.

Adressen-pool

Wie aber kommen Sie an die E-Mail-Adressen, an die Sie Ihren Newsletter versenden? Die Interessenten müssen ihn in jedem Fall selbst und freiwillig abonnieren, Sie dürfen ihn nicht einfach ins Blaue hinein an alle möglichen Empfänger verschicken. Nachdem der Kunde sich registriert hat, muss es für ihn eine einfache Möglichkeit auf Ihrer Website geben, den Newsletter jederzeit wieder abzubestellen – dafür müssen Sie sorgen. Für den Anfang genügen einfache Serien-E-Mails aus, um den Versand Ihres Newsletters abzuwickeln. Wenn Sie ihn an weniger als 200 Abonnenten verschicken, lässt sich das sogar mit Outlook und einer Verteilerliste machen. Haben Sie mehr Abonnenten gewonnen, ermöglicht ein preisgünstiges Softwaretool wie „Profimailer" den schnellen Versand mit individualisierter Anrede.

TIPP: WOHIN MIT DEN EMPFÄNGERADRESSEN?

Ganz wichtig: Setzen Sie die Adressen der Newsletter-Empfänger nicht in das An:-Feld oder Cc:-Feld, sondern in das Bcc:-Feld. Andernfalls können alle Empfänger die Adressen sämtlicher anderer Abonnenten lesen. Damit würden Sie Ihre Verteilerliste preisgeben und viele Empfänger verärgern.

Aktive Ansprache via E-Mail

Den Kontakt zu Ihren Interessenten können Sie natürlich auch mit E-Mails pflegen. Allerdings gelten hier – ebenso wie beim Newsletter – strenge rechtliche Einschränkungen: Sie dürfen E-Mails nur verschicken, wenn der Empfänger eine ausdrückliche Einverständniserklärung abgegeben hat, und zwar schriftlich oder per E-Mail (→ 46. Wie kann ich potenzielle Kunden direkt ansprechen?).

Rechtliche Einschränkung

Akquise im Internet: Ideenpool und Tipps

- Werbung für Ihre Website: Nur wer Ihre Internetadresse kennt, kann diese aufrufen. Machen Sie sie daher überall publik, auf Ihrem Briefpapier, Ihren Visitenkarten, Ihren Ausgangsrechnungen und Werbematerialien sowie in sämtlichen Anzeigen und Druckerzeugnissen.

- Verlinkung: Sie können sich mit anderen Websites verlinken. Das lohnt sich doppelt: Seiten, zu denen Hyperlinks führen, werden von Suchmaschinen höher bewertet als solche, die ganz für sich allein stehen. Denken Sie aber daran, dass es nicht um die Menge der Links geht, sondern um die Qualität. Links, die zu Ihnen führen, erzeugen einen wertvollen Strom an Besuchern, wenn die verweisende Website für Ihre Zielgruppe interessant ist. Vor allem aber tragen Links von thematisch passenden und qualitativ hochwertigen Sites dazu bei, dass auch Ihre Internetpräsenz in den Suchmaschinen einen guten Rang erhält.

- Blogs: Wenn Sie mehr Zeit für Ihre Internetpräsenz und die Kundengewinnung über das Internet investieren wollen, kommt vielleicht ein Blog für Sie infrage. Dabei handelt es sich um ein öffentliches Online-Tagebuch, das allerdings nur interessant ist, wenn Sie regelmäßig etwas zu sagen haben und Beiträge schreiben. Wenn Sie dagegen nur eine Visitenkarte im Web brauchen, sind Sie mit einer einfachen Website besser beraten.

- Nutzen Sie auch die vielen themen- oder branchenbezogenen Internetforen, um als kompetenter Experte auf Ihrem Fachgebiet in Erscheinung zu treten. Äußern Sie sich häufig und liefern Sie wertvolle Beispiele, so werden die anderen Besucher auf Sie und Ihr Angebot aufmerksam.

- Xing und Co: Immer mehr Unternehmen, darunter auch kleinere Betriebe, nutzen soziale Netzwerke wie Xing oder Facebook, um neue Kunden zu gewinnen. Hier kann man sich mit anderen Mitgliedern vernetzen,

Kontakte zu Geschäftspartnern aufbauen und Kunden akquirieren. Dabei gilt: Ein gut gestaltetes, klug formuliertes Profil ist eine der wichtigsten Voraussetzungen, um auf einer Networking-Plattform erfolgreich zu sein. Ganz wichtig: Wählen Sie ein professionelles Foto, auf dem Sie sympathisch wirken.

46. Wie kann ich potenzielle Kunden direkt ansprechen?

Die persönliche Ansprache potenzieller Kunden mit Briefen, E-Mails oder Telefonaten zeichnet sich dadurch aus, dass Sie – anders als bei der klassischen Werbung mit Zeitungsanzeigen, Plakaten oder Radiospots – Ihre Zielgruppe ohne Streuverluste erreichen. Sie wenden sich ganz gezielt und persönlich an einzelne Kunden und geben ihnen die Möglichkeit, direkt zu reagieren: entweder mit Antwortkarten, Coupons, einer E-Mail-Kontaktadresse oder eben im persönlichen Gespräch bei einem Telefonanruf.

Streuverluste vermeiden

So komme ich an brauchbare Adressen

Um bei der direkten und persönlichen Kundenansprache, zum Beispiel per Brief oder Antwortkarte, erfolgreich zu sein und neue Kunden zu gewinnen, brauchen Sie überhaupt erst einmal Adressen und müssen die potenziellen Kunden und deren Bedürfnisse möglichst genau kennen. Überlegen Sie vorab, ob Sie sich bei der Suche nach Interessenten lokal beschränken möchten, wenn Sie beispielsweise einen Kosmetiksalon betreiben, oder ob eine Ausweitung auf die Region, auf Deutschland oder sogar den deutschsprachigen Raum wünschenswert ist, zum Beispiel wenn Sie völlig ortsunabhängig arbeiten und Websites programmieren oder Bücher übersetzen.

Adressenjagd

Im nächsten Schritt begeben Sie sich auf Adressenjagd. Achten Sie dabei immer darauf, dass Ihre Daten aktuell sind, sonst laufen Ihre Aktionen ins Leere.

- Forsten Sie zunächst einmal Ihren Familien- und Freundeskreis durch und hören Sie sich nach potenziellen Kunden um. Oft kommt so bereits eine beachtliche Liste zusammen.

- Besuchen Sie regelmäßig Messen, Kongresse und Netzwerktreffen: Anhand des Ausstellerkatalogs einer Messe oder der Teilnehmerliste bei einer Veranstaltung lassen sich Dutzende Adressen gewinnen. Manchmal können Sie die sogar direkt für Akquisegespräche nutzen. Suchen Sie am besten nach Teilnehmerlisten von Veranstaltungen, die von Ihrer Zielgruppe besucht werden.

- Firmenkunden und Organisationen finden Sie im Internet. Auf den jeweiligen Websites stehen nicht nur die Kontaktdaten, sondern weitere wertvolle Informationen, die für Ihre Akquise relevant sind, zum Beispiel die Ansprechpartner oder Spezialgebiete einzelner Mitarbeiter.

- Auch bei den IHKs werden Sie fündig. Sie verfügen immer über einen aktuellen, vollständigen Datenbestand ihrer Mitglieder und stellen diesen auszugsweise gegen Bezahlung zur Geschäftsanbahnung zur Verfügung.

- Adressbroker kommen für Sie als Gründer nur infrage, wenn Sie über ein ausreichend großes Budget verfügen. Sie können die Adressen nach den verschiedensten unternehmensspezifischen sowie geo-, sozio- und demografischen Kriterien sortieren. Häufig hört man Klagen, dass gemietete Adressen nicht aktuell und vor allem werblich bereits überstrapaziert sind.

So qualifiziere ich meine Adressen

Wenn Sie Einzelunternehmer sind, brauchen Sie keine riesige Datenbank mit potenziellen Kunden. Wollen Sie Firmenkunden gewinnen, reichen Ihnen vergleichsweise wenige, dafür aber gut qualifizierte und vorab im Detail recherchierte Adressen. Filtern und qualifizieren Sie Ihre Adressen, indem Sie prüfen, ob die jeweiligen Kontakte wirklich zu Ihrer Zielgruppe gehören. Informieren Sie sich über Tätigkeitsgebiete und Leistungsprogramme und überlegen Sie, ob die entsprechende Person oder das Unternehmen zu Ihnen passen könnte. Nach der sorgfältigen Qualifizierung bleibt ein wertvoller Adressbestand übrig: Eine Direktmarketingaktion mit diesen Adressen hat gute Erfolgsaussichten.

So starte ich meine Akquise

Die erste Direktansprache, die sogenannte Kaltakquise, sollte ganz klassisch per Brief erfolgen. Alle anderen Wege, Telefon, E-Mail und Fax, sind in diesem Fall sogar gesetzlich verboten. Mailings per Post sind zulässig, solange der Empfänger die Zusendung nicht ausdrücklich ablehnt.

Klassisches Vorgehen

Für Briefmailings sowie für E-Mails gilt: Formulieren Sie kunden- und nutzenorientiert. Schon die Betreffzeile entscheidet darüber, ob der Empfänger eine Nachricht liest oder löscht, beziehungsweise den Brief gleich entsorgt. Seien Sie hier vorsichtig mit Begriffen wie „Superangebot" oder „gratis" bei E-Mails – Nachrichten mit diesen Schlagwörtern werden von Spamfiltern schnell aussortiert. Wichtig ist, dass der Betreff den Anlass enthält, also den Aufhänger, der für den Kunden überzeugend und interessant sein muss. Achten Sie im gesamten Text, der bei einem Briefmailing nie länger als eine DIN-A4-Seite sein

Passend formulieren

darf, auf lebendige, einfache Sätze und eine einladende Sprache. Die Anrede sollte persönlich und Ihre Unterschrift handgeschrieben sein.

GUT ZU WISSEN

Rechtliche Vorgaben für direkte Kundenansprache

Akquise mit persönlich adressierten Briefen dürfen Sie immer betreiben, außer der Empfänger teilt Ihnen mit, dass er keine Briefe mehr erhalten möchte. Daran müssen Sie sich halten.

Grundsätzlich dürfen Sie per E-Mail nicht kalt akquirieren. Der Empfänger muss eine ausdrückliche Einverständniserklärung abgeben, und zwar schriftlich oder per E-Mail. Die Ausnahme: Der Empfänger ist Ihr Kunde und hat Ihnen im Rahmen eines bereits erteilten Auftrags seine E-Mail-Adresse überlassen. Dann dürfen Sie davon ausgehen, dass er an ähnlichen Angeboten interessiert ist. Sie müssen allerdings den Kunden bei jeder weiteren Nutzung seiner E-Mail-Adresse ausdrücklich darauf hinweisen, dass er seine Erlaubnis jederzeit widerrufen kann.

Zur rechtlichen Lage bei Anrufen: Privatkunden dürfen Sie nicht zuhause anrufen, wenn sie Ihnen das zuvor nicht ausdrücklich erlaubt haben. Kaltakquise per Telefon ist bei Geschäftskunden grundsätzlich ebenfalls verboten. Die Ausnahme: Wenn ein Geschäftskunde mutmaßlich an Ihrem Angebot interessiert sein könnte, dürfen Sie ihn anrufen.

Telefon-akquise

Geschäftskunden, bei denen eine „mutmaßliche Einwilligung" vorausgesetzt werden kann, und Kunden, zu denen bereits Kontakt besteht, dürfen Sie auch anrufen. Telefonakquise ist bei den meisten Selbständigen allerdings sehr unbeliebt – obwohl das Telefon ein so selbstverständlicher Bestandteil unseres Lebens ist und man mit einem Anruf sehr schnell, leicht und kostengünstig Kontakt zu den Kunden aufnehmen kann. Betrachten Sie die Telefonakquise einfach als Chance; mit jedem Telefonat erfahren Sie mehr über Ihre Zielgruppe und werden gelassener. Leichter wird es auch, wenn Sie wie die Akquise-Profis mit einem Telefonleitfaden arbeiten, in dem Sie bereits vorab die wichtigsten Nutzenargumente schriftlich ausformulieren. Dieses „Drehbuch" sollte zudem einen positiven Gesprächseinstieg, Argumente, die aus Kundensicht für Ihr Angebot sprechen, mögliche Einwände und einen positiven Gesprächsausstieg umfassen.

Gute Ergebnisse lassen sich mit Direktmarketing erzielen, wenn Sie Ihre Aktivitäten kombinieren. Denn dann begegnet der Kunde Ihrem Produkt oder Ihrer Dienstleistung auf unterschiedlichen Wegen und wird damit unbewusst schneller zum Käufer. Sie können zum Beispiel zunächst ein Mailing verschicken und eine Woche später die Empfänger anrufen. Fragen Sie, ob das Mailing angekommen und grundsätzlich auf Interesse gestoßen ist. Oder Sie rufen zuerst an und fragen nach, wie groß das Interesse an Ihrem Produkt oder Ihrer Dienstleistung ist. Anschließend versenden Sie Informationen per E-Mail oder Brief. Eine Woche später rufen Sie die Empfänger wieder an.

Aktivitäten kombinieren

47. Wie komme ich in die Medien und erhalte kostenlose PR?

Gezielte Pressearbeit ist nicht nur etwas für große Unternehmen. Auch als Freiberufler und Einzelunternehmer können Sie mit Pressearbeit

- Vertrauen und Glaubwürdigkeit herstellen,
- Ihren Bekanntheitsgrad erhöhen und
- sich als Experte in einem Themengebiet positionieren.

Damit sind die drei wichtigsten Ziele von Pressearbeit auch schon genannt. Dabei spielt Kontinuität eine große Rolle: Wer regelmäßig in Printmedien, TV oder online etwas Neu-

Kostengünstige Maßnahmen

es, Wichtiges und Interessantes zu sagen hat, kann seinen Marktwert und Bekanntheitsgrad erhöhen. Das große Plus von Pressearbeit im Vergleich zu klassischer Werbung: Sie ist wesentlich kostengünstiger. Und: Während Werbung direkte Verkaufsimpulse setzt, zielt Pressearbeit auf Information und ist entsprechend sachlicher. Die Darstellung von Unternehmen und redaktionelle Beiträge in den Medien werden von Lesern, Zuhörern, Zuschauern oder Internetnutzern als glaubwürdig, vertrauenswürdig und objektiv empfunden. Allerdings müssen Sie Zeit investieren, um Pressemeldungen zu erstellen und vertrauensvolle Kontakte zu den Medienvertretern aufzubauen und zu pflegen.

Die Herausforderung lautet: Wie bringe ich Journalisten dazu, etwas über mich und mein Unternehmen zu veröffentlichen? Journalisten arbeiten jeden Tag unter enormem Zeitdruck. Die Redaktionen sind grundsätzlich zu knapp besetzt und Redakteure müssen sich meist nicht nur um die Inhalte, sondern zudem um Layout oder Schnitt, Ton und Fotos kümmern. Hinzu kommt, dass Journalisten und Redakteure eine gewaltige Informationsflut trifft, weil es selbstverständlich ist, Pressemitteilungen per E-Mail zu versenden. Als Folge schotten sie sich ab und es wird immer schwieriger, mit einzelnen Pressemitteilungen tatsächlich zu ihnen durchzudringen.

Tipps   Lassen Sie sich davon nicht abschrecken. Sie können nämlich eine Menge dafür tun, dass Journalisten aus den vielen Informationen, mit denen sie konfrontiert sind, auf Ihr Angebot zurückkommen.

- Schicken Sie nur Pressemitteilungen, die aktuell und interessant sind – und zwar für die Redakteure und Mediennutzer.

- Lassen Sie sich nicht entmutigen, wenn nicht jede Pressemeldung veröffentlicht wird. Verstehen Sie Ihre Pressearbeit so, dass Sie damit die Journalisten über sich auf dem Laufenden halten.

- Ein Dreimonatsrhythmus ist eine gute Frequenz für ein mittelständisches Unternehmen, um Pressemitteilungen zu versenden. Aber nur, wenn Sie tatsächlich etwas Neues, Aktuelles und Interessantes zu sagen haben.

- Erstellen Sie einen Presseverteiler. Das ist eine Liste der Redaktionen, die Sie regelmäßig informieren möchten. Versetzen Sie sich in Ihre Zielgruppe hinein und sprechen Sie genau die Medien an, über die sich Ihre potenziellen Kunden informieren. Ermitteln Sie die für Ihre Themen zuständigen Redakteure.

- Rufen Sie in Zeitungsredaktionen am besten mittags zwischen 12:00 und 14:00 Uhr an, um eine Pressemitteilung oder einen redaktionellen Beitrag anzubieten. Vormittags sind die Mitarbeiter oft in Pressekonferenzen oder haben interne Redaktionskonferenzen. Anrufe nach 15:00 Uhr sind tabu, weil dann alle hektisch auf den Redaktionsschluss hinarbeiten.

- Reagieren Sie sofort, wenn Journalisten sich bei Ihnen melden und anfragen, denn sonst suchen sie sich einen anderen Ansprechpartner.

TIPP: MÖGLICHE ANLÄSSE FÜR EINE BERICHTERSTATTUNG

Die folgenden Ideen zeigen, was Aufhänger für Ihre Pressearbeit sein könnten. Fangen Sie mit Ihren Überlegungen bei sich und bei Ihrem Unternehmen an.
- Unternehmensnachrichten: Sie haben als ganz junger/schon älterer Mensch gegründet.
- Veranstaltungen: Fachvortrag, Tag der offenen Tür
- Soziales Engagement: Sponsoring lokaler Vereine
- Gesetzesänderungen in Ihrem Bereich: Wie wirken sie sich auf die Leser des Mediums aus? Was ist zu beachten?

Meine Pressemitteilung

Grundregeln

Beachten Sie folgende Grundregeln, wenn Sie Ihre Presse-mitteilungen erstellen und versenden:

- Die Pressemitteilung sollte eine bis maximal zwei DIN-A4-Seiten lang sein.

- Schreiben Sie sachlich und formulieren Sie in kurzen, verständlichen Sätzen.

- Das Wichtigste muss an den Anfang, Hintergrundinfor-mationen kommen an den Schluss. Der Redakteur muss sofort den Nachrichten- oder Nutzwert für seinen Leser, Zuhörer oder Zuschauer erkennen. Investieren Sie also auch Zeit in die Formulierung des Betreffs, der wie eine gut getextete Headline wirken sollte.

- Kopieren Sie Ihre Pressemitteilung direkt in die E-Mail und versenden Sie sie nicht als Anhang. Schon hat sich der Redakteur Zeit gespart, weil er keine Extra-Datei öffnen muss.

Pressearbeit im Internet

Spezieller
Bereich für
Journalisten

Wer sich über Ihre Arbeit oder Ihr Unternehmen informie-ren möchte, sollte schnell finden, was er sucht. Ihre Web-site ist hierfür die erste Adresse. Neben der Präsentation Ihrer Produkte und Dienstleistungen sollte sie wichtige Fakten über Ihre Person und Ihr Unternehmen enthalten. Richten Sie außerdem einen speziellen Pressebereich ein, in dem Sie Neuigkeiten, Pressemitteilungen, Fotos und Texte zum Download und vor allem Ihre Kontaktdaten be-reitstellen.

KAPITEL 7

Was muss ich beachten, wenn ich Mitarbeiter brauche?

Egal ob Sie selbst als freier Mitarbeiter tätig sind oder freie Mitarbeiter beschäftigen: Beachten Sie unbedingt die Grenzen zur Scheinselbständigkeit. Im weiteren Verlauf des Kapitels zeigen wir die Vielzahl an sozialversicherungspflichtigen Beschäftigungsformen auf, von Praktikanten bis Vollzeitangestellten, und erklären, was Sie jeweils beachten müssen.

48. Ist mein freier Mitarbeiter ein Scheinselbständiger?

Mit einer tragfähigen Geschäftsidee und einer guten Geschäftsentwicklung lässt der Erfolg nicht lange auf sich warten. Als Einzelunternehmer kommen Sie dann schnell an Ihre Kapazitätsgrenzen und wissen nicht, wo Ihnen vor lauter Arbeit der Kopf steht: Sie brauchen dringend Unterstützung, um Ihre Kunden zufriedenzustellen und Ihre Aufträge termingerecht abzuschließen.

Unterstützung gesucht

Existenzgründer haben es am einfachsten, wenn sie in einer solchen Situation freie Mitarbeiter beschäftigen. Wenn ihnen die Arbeit über den Kopf wächst, sind die Freien schnell zur Stelle. Wenn dann die Auftragslage wieder nachlässt, belasten sie sie nicht mit hohen Personalkosten. Freie Mitarbeiter stellen für die erbrachte Leistung eine Rechnung – damit ist alles erledigt.

Vorsicht Allerdings besteht die Gefahr, dass Sie unwissentlich scheinselbständige Mitarbeiter beschäftigen. Scheinselbständigkeit bedeutet, dass jemand nach Art der Tätigkeit eindeutig Arbeitnehmer ist, vom Auftraggeber aber trotzdem wie ein Selbständiger beschäftigt wird. Dies sollten Sie unbedingt vermeiden, denn Ihnen als Auftraggeber droht sonst im schlimmsten Fall, dass Sie Sozialversicherungsbeiträge und Lohnsteuer nachzahlen müssen, gegebenenfalls sogar die von Ihnen zu Unrecht an den Mitarbeiter gezahlte und somit vom Finanzamt erstattete Umsatzsteuer. Das kann Sie sehr teuer zu stehen kommen.

Darauf müssen Sie achten

Zusammenarbeit mit Freien Bis zu einem gewissen Grad haben Sie es selbst in der Hand, die Zusammenarbeit mit freien Mitarbeitern so zu gestalten, dass – soweit es Ihren Teil betrifft – keine Scheinselbständigkeit entsteht. Das gilt sowohl für die Kooperation mit externen Dienstleistern als auch bei der Auftragsvergabe. Verzichten Sie insbesondere auf Folgendes:

- Weisungen und Vorgaben für feste Arbeitszeiten
- Die feste Einbindung in Ihre Arbeitsorganisation (fester Arbeitsplatz in Ihrem Büro oder Laden, eigener Telefonanschluss und E-Mail-Adresse, Aufnahme in Dienst-, Urlaubs- und Vertretungspläne)
- Eine Verpflichtung zur Teilnahme an firmeninternen Besprechungen
- Das Zur-Verfügung-Stellen von Arbeitsgerät für den freien Mitarbeiter
- Dauerbeauftragung mit einem gleichbleibenden monatlichen Rechnungsbetrag

Gesamtbild Ein einzelner von diesen Punkten mag noch nicht schädlich sein, es kommt hier auf das Gesamtbild an. Auch alles, was auf fehlendes unternehmerisches Handeln und fehlende unternehmerische Risiken und Chancen beim freien Mitarbeiter hindeutet, spricht für eine nichtselbständige Beschäftigung.

Darauf muss ich bei der Auswahl von Dienstleistern achten

Sie sollten nicht ab sofort bei jedem Selbständigen, Freiberufler und Dienstleister eine Scheinselbständigkeit vermuten. Nehmen Sie eine Beratung oder eine Expertenleistung in Anspruch, die üblicherweise von Freiberuflern und Selbständigen erbracht wird, ist der Verdacht schnell ausgeräumt oder ganz unbegründet. Wenn Sie zum Beispiel mit einem etablierten Grafiker zusammenarbeiten, der seit vielen Jahren ein eigenes Büro mit eigenen Mitarbeitern betreibt, eine Internetpräsenz hat und für viele andere Kunden arbeitet, können Sie beruhigt sein.

Wachsam sollten Sie allerdings sein, wenn Sie Tätigkeiten zu vergeben haben, die üblicherweise oder genauso gut von Arbeitnehmern erledigt werden können, also beispielsweise Reinigungs- und Transporttätigkeiten oder Buchführungsarbeiten und Bürotätigkeiten. Folgende Merkmale beim Dienstleister können Hinweise auf das Fehlen einer echten Selbständigkeit sein:

Verdächtige Merkmale

- Keine eigenen Geschäftsräume

- Keine eigenen Mitarbeiter

- Kein professionelles Geschäftspapier

- Keine eigenen Maschinen und Anlagen

- Keine eigenen Marketingaktivitäten

- Keine oder nur wenige andere Kunden

193

Ein weiterer wichtiger Anhaltspunkt ist die Abhängigkeit von Ihnen als Auftraggeber: Ihre Alarmlampen müssen angehen, wenn ein freier Mitarbeiter, den Sie beauftragen, dauerhaft nicht mindestens ein Sechstel seines Umsatzes mit einem anderen Auftraggeber verdient. Recht sicher sind Sie dagegen, wenn Ihr Dienstleister eine Kapitalgesellschaft, also zum Beispiel die GmbH oder UG (haftungsbeschränkt), als Rechtsform gewählt hat.

Was soll ich tun, wenn ich unsicher bin?

Werden Sie aktiv

Treffen nur einer oder zwei der genannten Punkte zu, heißt es für Sie, aktiv zu werden, und zwar sukzessive nach den folgenden Empfehlungen:

- Überlegen Sie, ob Sie die Arbeiten von jemandem erledigen lassen können, bei dem die Gefahr der Scheinselbständigkeit nicht besteht.

- Ist dies keine Alternative, sprechen Sie Ihren Auftragnehmer an. Erklären Sie ihm die Gefahren der Scheinselbständigkeit und bitten Sie ihn, Ihre Zweifel auszuräumen.

- Wenn Sie damit nicht weiterkommen, prüfen Sie, ob eventuell eine geringfügige Beschäftigung des Mitarbeiters (400-Euro-Job) infrage kommt.

- Ihre Krankenkasse kann Ihnen gegebenenfalls Auskunft geben, ob in einem Einzelfall Scheinselbständigkeit vorliegt.

TIPP: STATUSKLÄRUNG VON OFFIZIELLER SEITE

Möchten Sie verlässlich Klarheit über den Status eines Mitarbeiters, können Sie als Auftraggeber oder kann er selbst bei der Deutschen Rentenversicherung ein Verfahren einleiten. Die zuständige Clearingstelle prüft, ob eine Tätigkeit als selbständig oder nichtselbständig einzustufen ist.

49. Welche Art von Unterstützung kann ich kostengünstig bekommen?

Viele Existenzgründer zögern, einen Mitarbeiter einzustellen. Sie scheuen die hohen fixen Kosten für Gehalt und Lohnnebenkosten, aber auch die Verantwortung und den Verwaltungsaufwand. Und natürlich den Druck, dauerhaft eine hohe Auslastung sicherstellen zu müssen, um nicht draufzuzahlen.

Doch es muss nicht gleich eine Vollzeitbeschäftigung sein. Es gibt zahlreiche Alternativen, wie Sie sich – abgesehen von freien Mitarbeitern – Unterstützung holen können, trotzdem flexibel bleiben und die Kosten niedrig halten: und zwar Mini-Jobber, Studenten und Praktikanten, Zeitarbeiter und Teilzeitangestellte sowie Azubis.

Überlegen Sie sich zunächst, für wie viele Stunden und über welchen Zeitraum Sie Unterstützung benötigen. Die folgenden Hinweise helfen Ihnen bei der Entscheidung, welche Form der Beschäftigung für Ihre Zwecke die richtige ist. Die Möglichkeiten unterscheiden sich ganz erheblich voneinander – in puncto Kosten ebenso wie in puncto Verpflichtungen, die jeweils aus dem Arbeitsverhältnis entstehen.

Entscheidungshilfe

- Mini-Jobber: Bei ihnen geht es um die klassischen 400-Euro-Jobs. Unabhängig von der Stundenzahl gilt eine Beschäftigung bis 400 Euro pro Monat als geringfügig. Ihr Vorteil: Sie als Arbeitgeber müssen pauschal 30 Prozent für Sozialversicherung und Lohnsteuer abführen. Der Mini-Jobber erhält seinen Anteil ungekürzt, also 400 Euro.

- Praktikanten und Arbeitslose: Unterstützung zum Nulltarif bekommen Sie von Studenten, die ein Pflichtpraktikum absolvieren müssen. Ebenso können Sie Arbeitslose beschäftigen, deren Gehalt die Bundesagentur für die ersten Monate übernimmt. Dafür müssen Sie dem meist bereits länger Arbeitslosen die Perspektive auf eine anschließende Anstellung bieten.

• Studenten als kurzfristig Beschäftigte: Sie können zum Beispiel mit einem Studenten ein geringfügiges Beschäftigungsverhältnis eingehen. Wird dieser nicht länger als zwei Monate oder 50 Tage pro Jahr beschäftigt, besteht keine Sozialversicherungspflicht. Eine pauschalierte Lohnsteuer ist möglich, allerdings nur, wenn der Arbeitslohn nicht zwölf Euro pro Stunde oder durchschnittlich 62 Euro pro Tag übersteigt.

• Studenten mit einer Lohnsteuerkarte: Beschäftigen Sie einen Studenten nicht kurzfristig und erhält er mehr als 400 Euro Lohn pro Monat, muss der Student Ihnen zu Beginn der Beschäftigung seine Lohnsteuerkarte vorlegen. Arbeitet der Student allerdings nur in den Semesterferien oder wird die Arbeitszeit von 20 Stunden pro Woche nicht überschritten, besteht für Sie als Arbeitgeber Versicherungspflicht nur in der gesetzlichen Rentenversicherung.

Bitte beachten Sie: Voll sozialversicherungspflichtig wird ein Student, wenn er für Sie mehr als 26 Wochen pro Jahr arbeitet.

Teilzeitjobs Teilzeitjobs sind grundsätzlich für viele Menschen sehr attraktiv. Denken Sie nur an Frauen, die in Teilzeit den beruflichen Wiedereinstieg angehen, oder an Rentner, die sich mit einer Teilzeitbeschäftigung etwas hinzuverdienen möchten. Für Sie als Gründer haben Teilzeitjobs den Charme, dass Sie sich Schritt für Schritt vorwagen können und ein niedrigeres finanzielles Risiko eingehen, als wenn Sie sich mit den fixen Kosten für eine Vollzeitbeschäftigung belasten würden.

Wenn Sie mehr Unterstützung benötigen, können Sie die Beschäftigung nach und nach ausbauen. Prüfen Sie dabei auch folgende Möglichkeiten für sich.

- Midi-Jobber: Die Bezahlung liegt zwischen 401 und 800 Euro. In diesem Bereich gibt es für den Beschäftigten einen stufenweisen Übergang bis hin zu den normalen Arbeitnehmeranteilen zur Sozialversicherung. Sie als Arbeitgeber bezahlen dagegen ab 400,01 Euro den vollen Arbeitgeberanteil, der mit von rund 21 Prozent zu Buche schlägt.

- Azubis: Für Auszubildende müssen Sie als Arbeitgeber die Sozialversicherungsbeiträge in voller Höhe bezahlen. Das gilt selbst dann, wenn sie weniger als 400 Euro monatlich verdienen.

- Zeitarbeit(er): Für den dauerhaften Einsatz zu teuer, sind Zeitarbeiter ideal, um vorübergehend Auftragsspitzen, etwa während des Weihnachtsgeschäfts, zu bewältigen. Das große Plus: Als Arbeitgeber brauchen Sie sich um nichts zu kümmern. Keine Gehaltsabrechnung, keine Sorge um Urlaubs- oder Krankheitsvertretung, die Zeitarbeitsfirma schickt umgehend einen Ersatz. Wenn Sie mit einem Zeitarbeiter besonders zufrieden sind, können Sie ihn ohne schlechtes Gewissen abwerben; der Vertrag mit der Zeitarbeitsfirma regelt die Kosten, die dadurch entstehen.

TIPP: DAS GUTE LIEGT OFT SO NAH

Woran viele Gründer nicht denken: Sie könnten in ihrer Familie nachfragen. Überlegen Sie, ob Ihr Partner oder ein Verwandter Sie entlasten würde, vielleicht kann er Sie bei Auftragsspitzen unterstützen, Büro- oder Verwaltungstätigkeiten erledigen oder Ihr Lager auffüllen.

50. Wie finde ich Mitarbeiter? Und werde ich sie auch wieder los?

Was brauchen Sie?

Sie stehen schon im zweiten oder dritten Jahr Ihrer Geschäftstätigkeit und brauchen fest angestellte Mitarbeiter? Dann nehmen Sie bitte die Mitarbeitersuche und -auswahl besonders wichtig. Denn nur Mitarbeiter, die kompetent und motiviert sind, tragen zum Erfolg Ihres Unternehmens bei. Ein Mitarbeiter, den Sie schon während der Gründungsphase einstellen, muss besonders flexibel und anpassungsfähig sein: Oftmals lässt sich nicht genau sagen, welche Funktion der Mitarbeiter eigentlich übernimmt, weil viele verschiedene Aufgaben anfallen. Achten Sie darauf, ob Sie sich vorstellen können, dass ein Bewerber mit dieser Anforderung zurechtkommt.

Wie und wo finde ich einen guten Mitarbeiter?

Es gibt verschiedene Möglichkeiten, nach Mitarbeitern zu suchen, darunter viele, die mit wenig oder gar keinen Kosten verbunden sind:

- Bekannte und Verwandte
- Universitäten, Fachhochschulen
- Agentur für Arbeit
- Online-Börsen
- Zeitungsinserate
- Private Stellenvermittlung
- Zeitarbeitsfirmen

Zeit für die Bewerbungen

Ganz gleich, wo Sie Ihren Wunschkandidaten suchen: Nehmen Sie sich ausreichend Zeit, um die schriftlichen Bewerbungsunterlagen zu sichten, Referenzen einzuholen und Bewerbungsgespräche zu führen. Eine Fehlbesetzung kostet Sie viel Zeit, Geld und Nerven.

GUT ZU WISSEN

Antidiskriminierungsgesetz

Das Allgemeine Gleichbehandlungsgesetz (AGG) beschränkt Ihr Fragerecht im Einstellungsgespräch. Demnach sind Fragen nach Rasse, ethnischer Herkunft, Geschlecht, Religion, Weltanschauung, Behinderung, Alter und sexueller Identität weder im Auswahlgespräch zulässig noch dürfen diese acht Kriterien bei der Auswahlentscheidung herangezogen werden (vergleiche § 1 AGG). Achten Sie sehr darauf, entsprechende Fragen zu vermeiden, andernfalls könnten abgelehnte Bewerber gegen Sie klagen.

Das muss in den Arbeitsvertrag

Sobald Sie den richtigen Mitarbeiter gefunden haben, muss ein Arbeitsvertrag her. Zwar ist das nicht zwingend erforderlich, dennoch sollten Sie ihn schriftlich abschließen – schon zur Beweiserleichterung und um Missverständnissen vorzubeugen.

Schriftform

Der Vertrag sollte Folgendes regeln:

- Tätigkeitsbereich des Arbeitnehmers: Nehmen Sie hier eine sogenannte Versetzungsklausel auf. So ist es jederzeit möglich, den Arbeitnehmer je nach Erfordernissen für eine andere als die zunächst beschriebene Aufgabe einzusetzen (Musterformulierung: „Der Arbeitgeber behält sich vor, dem Arbeitnehmer vorübergehend oder dauerhaft eine andere zumutbare und gleichwertige Tätigkeit zuzuweisen, die seinen Vorkenntnissen und Fähigkeiten entspricht. Macht der Arbeitgeber hiervon Gebrauch, so ist mindestens die bisherige Vergütung weiter zu zahlen.").

- Beginn des Arbeitsverhältnisses

- Probezeit
- Entlohnung (Bezüge, Zuschläge, Urlaubsgeld, Weihnachtsgeld usw.)
- Arbeitszeit
- Urlaub
- Verhaltensweisen bei Arbeitsverhinderung
- Kündigungsfrist
- Verschwiegenheitserklärung
- Wettbewerbsverbot
- Nebentätigkeiten

Im Fall der Fälle: Kündigung

Fixe Kosten senken

Wer einen Mitarbeiter einstellt, muss auch wissen, wie man sich gegebenenfalls wieder von ihm trennen kann. Gerade in jungen Unternehmen schwankt die Auftragslage, sodass dort notfalls die fixen Kosten gesenkt, sprich Mitarbeiter abgebaut werden müssen.

Zudem ist niemand vor Fehlbesetzungen gefeit. Auch dann ist die logische Konsequenz eine Kündigung. Was ist hierbei zu beachten? Zunächst sollten Sie wissen, dass in Kleinbetrieben mit bis zu zehn Vollzeitbeschäftigten für Arbeitnehmer, die nach dem 31.12.2003 eingestellt wurden, der gesetzliche Kündigungsschutz nicht greift. Haben Sie beispielsweise zwei fest angestellte Mitarbeiter, so können Sie ihnen – unter Einhaltung der Kündigungsfristen – jederzeit aus sachlichen Gründen ordentlich kündigen. Beachten Sie jedoch, dass für Schwerbehinderte, werdende und junge Mütter und bei Elternzeit ein Sonderkündigungsschutz besteht.

Wann und wie muss ich ein Arbeitszeugnis ausstellen?

Zum Ende seiner Beschäftigung hat Ihr Mitarbeiter einen rechtlich festgelegten Anspruch auf ein qualifiziertes Arbeitszeugnis. Sie müssen das Arbeitszeugnis wohlwollend formulieren – so die Rechtsprechung – und dem Mitarbeiter aushändigen, damit er sich bei anderen Firmen bewerben kann. In einem qualifizierten Arbeitszeugnis beurteilen Sie als Arbeitgeber die Arbeitsleistung einschließlich der Qualifikation und das dienstliche Verhalten des Arbeitnehmers. Achten Sie darauf, dass Sie keine doppeldeutigen Formulierungen verwenden und Ihre Aussagen im Arbeitszeugnis eindeutig, verständlich und klar formuliert sind.

Eindeutige Formulierung

Stichwortverzeichnis

STICHWORTVERZEICHNIS

Weitere Titel

● Bernhard F. Klinger (Hrsg.)/Armin Abele/Klaus Becker/Thomas Maulbetsch/
Wolfgang Roth
Der Vorsorgeplaner
Wie Sie durch Vollmachten, Verfügungen und Testamente für den Krankheits-, Pflege- und
Erbfall vorsorgen
ISBN 978-3-7093-0356-6
2011, 192 Seiten
EUR 9,90 (D/A)

● Stephan Konrad/Franz Kopinski
Wohnungseigentum – Ihre Rechte und Pflichten
Erwerb – Verwaltung – Vermietung
ISBN 978-3-7093-0355-9
2011, 160 Seiten
EUR 9,90 (D/A)

● Ludger Bornewasser/Bernhard F. Klinger
Der Streit ums Erbe
Wie Sie Ihre Interessen wahren und Konflikte vermeiden. Spannende Fälle aus der Praxis
zeigen, worauf es ankommt.
ISBN 978-3-7093-0328-3
2011, 160 Seiten
EUR 9,90 (D/A)

● Bernhard F. Klinger (Hrsg.)/Florian Enzensberger/Thomas Maulbetsch/Joachim Müller/
Wolfgang Roth
Betreuung von Angehörigen
Bestellung – Aufgaben, Rechte und Pflichten – Kosten – Haftung. Antworten auf alle
wesentlichen Fragen zum Betreuungsrecht
ISBN 978-3-7093-0338-2
2011, 160 Seiten
EUR 9,90 (D/A)

● Stefanie Kubosch/Julia Kleine/Annette Eicker
Gekündigt – was tun?
Von Abfindung bis Zeugnis: Ihre Rechte – Ihre Chancen. Wie Sie wieder Mut fassen und
beruflich neu durchstarten.
ISBN 978-3-7093-0337-5
2011, 152 Seiten
EUR 9,90 (D/A)

- Rudolf Stumberger
Hartz IV
Das aktuelle Gesetz mit den neuen Regelungen. Mit verständlichen Erklärungen zum Ausfüllen des Antrages.
ISBN 978-3-7093-0331-3
5. Auflage 2011, 152 Seiten
EUR 9,90 (D/A)

- Andreas Lutz
Businessplan
für Gründungszuschuss, Einstiegsgeld- und andere Existenzgründer
ISBN 978-3-7093-0309-2
4. Auflage 2010, 192 Seiten
EUR 14,90 (D)/EUR 15,40 (A)

- Astrid Congiu-Wehle/Agnes Fischl
Der Ehevertrag
Wie Sie Vorsorge für Ehe, Trennung und Scheidung treffen
ISBN 978-3-7093-0304-7
2010, 160 Seiten
EUR 9,90 (D)/EUR 10,20 (A)

- Joachim Mohr/Frank Lechner
Alleinerziehend – das sind Ihre Rechte
ISBN 978-3-7093-0259-0
2010, 160 Seiten
EUR 9,90 (D)/EUR 10,20 (A)

- Gordian Philipps/Susanne Lebek
Erfolgreich durchs Assessment-Center
ISBN 978-3-7093-0321-4
2010, 184 Seiten
EUR 14,90 (D)/EUR 15,40 (A)

- Andrea Westhoff/Justin Westhoff
Ihre Rechte als Kassenpatient
Wie Sie auch als gesetzlich Versicherter von Ärzten und Kassen bekommen, was Ihnen zusteht
ISBN 978-3-7093-0295-8
2010, 160 Seiten
EUR 9,90 (D)/EUR 10,20 (A)

- Roland Stimpel
In 10 Schritten zum Eigenheim
Planen, kaufen, bauen: Von der Suche bis zur Finanzierung – Ihr Wegweiser zum eigenen Haus
ISBN 978-3-7093-0288-0
2010, 160 Seiten
EUR 9,90 (D)/EUR 10,20 (A)

- Bernhard F. Klinger (Hrsg.)/Sven Klinger/Joachim Mohr/Wolfgang Roth/
  Johannes Schulte
Patientenverfügung und Vorsorgevollmacht
Was Ärzte und Bevollmächtigte für Sie in einem Notfall tun sollten. Was die Neuregelung
für Sie konkret bedeutet.
ISBN 978-3-7093-0289-7
2. Auflage 2009, 144 Seiten
EUR 9,90 (D)/EUR 10,20 (A)

- Bernhard F. Klinger
Das Testament
Konkrete Anleitungen für alle Lebensmodelle – vom Single bis zur Patchwork-Familie.
Wie Sie Streit vermeiden und Steuern sparen.
ISBN 978-3-70930264-4
2009, 168 Seiten
EUR 9,90 (D)/EUR 10,20 (A)

- Michael Schröder
Scheidung – aber fair
Sorgerecht – Unterhalt – Umgangsrecht . Es geht auch friedlich, wenn die Vernunft siegt.
ISBN 978-3-7093-0272-9
2. Auflage 2009, 176 Seiten
EUR 9,90 (D)/EUR 10,20 (A)

- Andreas Heiber
Die neue Pflegeversicherung
Der Antrag – die Pflegestufen – die Leistungen: Ihre neuen Möglichkeiten und Chancen
ISBN 978-3-7093-0237-8
2008, 192 Seiten
EUR 9,90 (D)/EUR 10,20 (A)

- Eva Schmitz-Gümbel/Karin Wistuba
Erfolgreich zum Traumjob
Coaching zur Berufswahl für Eltern und Schüler
ISBN 978-3-7093-0213-2
2008, 168 Seiten
EUR 9,90 (D)/EUR 10,20 (A)

- Astrid Congiu-Wehle/Joachim Mohr
Das neue Unterhaltsrecht
Wie viel bekomme ich? Wie viel muss ich zahlen?
ISBN 978-3-7093-0229-3
2008, 168 Seiten
EUR 9,90 (D)/EUR 10,20 (A)

● Karin Spitra/Ulf Weigelt
Ihr Recht als Arbeitnehmer
Vom Vorstellungsgespräch bis zur Kündigung – was darf der Chef?
ISBN 978-3-7093-0218-7
2008, 192 Seiten
EUR 9,90 (D)/EUR 10,20 (A)

● Wolfgang Jüngst/Matthias Nick
Arbeiten und Leben im Ausland
Auswandern oder Überwintern: alle wichtigen Informationen. Mit 10 Länderkapiteln von
Schweiz bis USA.
ISBN 978-3-7093-0214-9
EUR 9,90 (D)/EUR 10,20 (A)

● Tibet Neusel/Sigrid Beyer/Kathrin Arrocha
Immobilienkauf
Haus oder Wohnung – Alles über Finanzierung, Recht und Steuern
ISBN 978-3-7093-0195-1
2008, 190 Seiten
EUR 9,90 (D)/EUR 10,20 (A)

● Andrea Erdmann/Andreas Kolschätzky
Erfolgreich bewerben
Von der systematischen Vorbereitung zum souveränen Bewerbungsgespräch und fairen
Arbeitsvertrag
ISBN 978-3-7093-0187-6
2008, 176 Seiten
EUR 9,90 (D)/EUR 10,20 (A)

● Wolfgang Jüngst/Matthias Nick
Wenn der Nachbar nervt
Rechte und Pflichten in der Nachbarschaft
ISBN 978-3-7093-0174-6
2007, 160 Seiten
EUR 9,90 (D)/EUR 10,20 (A)

● Inken Wanzek/Christine Rosenboom
Arbeitsplatz in Gefahr – Das sind Ihre Rechte
Kündigung – Beschäftigungsgesellschaft – Aufhebungsvertrag – Mobbing
– Trennungsgespräche
ISBN 978-3-7093-0152-4
2007, 240 Seiten
EUR 14,90 (D)/EUR 15,40 (A)